シリーズ：結晶成長のダイナミクス **4**巻

エピタキシャル成長のフロンティア

中嶋一雄 責任編集

共立出版株式会社

シリーズ編集委員

西永　　頌　　豊橋技術科学大学
宮澤信太郎　　㈱信光社
佐藤　清隆　　広島大学生物生産学部

執筆者一覧（執筆順）

責任編集	中嶋　一雄	東北大学　金属材料研究所	
執 筆 者	中嶋　一雄	同上	
	天野　　浩	名城大学　理工学部　材料機能工学部	
	碓井　　彰	日本電気（株）　光・無線デバイス研究所	
	酒井　　朗	名古屋大学　大学院工学研究科	
	福井　孝志	北海道大学　量子集積エレクトロニクス研究センター	
	佐久間芳樹	独立行政法人　物質・材料研究機構　ナノマテリアル研究所	
	大野　英男	東北大学　電気通信研究所	
	黒田　眞司	筑波大学　物質工学系	
	財満　鎭明	名古屋大学　先端技術共同研究センター	
	松村　正清	（株）液晶先端技術開発センター	
	米原　隆夫	キャノン株式会社　ELTRAN事業推進センター	
	阿部　和秀	株式会社東芝　研究開発センター　個別半導体基盤技術ラボラトリー	
	名西　憓之	立命館大学　理工学部　電子光情報工学科	
	磯田　正二	京都大学　化学研究所	
	小林　隆史	京都大学　名誉教授	
	八瀬　清志	独立行政法人　産業技術総合研究所　光技術研究部門	
	吉田　郵司	独立行政法人　産業技術総合研究所	
	上田　裕清	神戸大学工学部　応用化学科	

シリーズ：結晶成長のダイナミクス
刊行にあたって

　結晶は半導体集積回路をはじめレーザや発光ダイオードなどの素材として，テレビ，パソコンなど身のまわりのエレクトロニクス製品に多く用いられているほか，スーパーコンピュータや通信ネットワークなど情報通信機器に広く用いられている．今後，情報化社会が進行するにつれて，ますます新しい材料，新しい構造の結晶が求められるであろう．

　結晶が工業社会に本質的に重要であることを示した画期的出来事はトランジスターの発明である．純度の良いゲルマニウムの単結晶成長がこの発明を可能にした．今日，高品質大型シリコン単結晶が求められているがこの流れを汲むものである．

　トランジスターの発明以後，シリコン集積回路，高移動度トランジスタ(HEMT)，レーザダイオード，発光ダイオード，酸化物結晶素子など新しい素子が次々と世に出されるにつれ結晶成長がいかに重要であるかが示されてきた．最近の例では，長年にわたる GaN 結晶成長の基礎研究が実を結び，低温バッファー層技術により GaN 系半導体の結晶性が飛躍的に改善され，その結果 p-型 GaN の成長が可能になったことがあげられる．結晶成長研究が青色・紫外発光ダイオード，レーザダイオードの誕生をもたらしたのである．結晶成長技術の発達は今後さまざまな素子の発明を通し社会に貢献すると思われる．その分野は単に情報通信分野にとどまらず，太陽電池，燃料電池，各種センサーの開発を通し，省エネルギーや環境の改善にも貢献するであろう．

　結晶成長技術の新たな展開には，結晶成長を制御し，任意の物質で任意の構造と性質を持つ結晶を作る必要がある．このためには，まず，結晶成長を理解しなければならない．結晶成長の場では結晶表面で原子または分子がダイナミックに動き回りながら結晶に組み込まれてゆくが，真空ないし気相，溶液，融液中でこの振る舞いを明らかにすることが結晶成長を理解することの意味であ

る．結晶の表面といっても接する環境相が何であるかによりその原子的構造は大きく異なる．超高真空下では，最近の表面科学の発達により，表面における原子位置やそれを取り巻く電子雲の密度など理論的にも実験的にもかなり明らかになってきている．しかし，そのような表面における原子・分子のダイナミクスについては殆ど知られていない．さらに，溶液や融液中で成長している結晶の表面構造および原子・分子のダイナミクスは溶液や融液内の流れや構造にも関係しているためまだ多くは謎につつまれている．

　本シリーズでは，結晶成長に携わっている研究者・技術者の方々，結晶成長を用いて新しい仕事に挑戦しようとしている方々，大学・高専等で結晶成長に関連した研究を行っている学生・院生の方々，また広く結晶成長に関心を持っている方々を対象とし，結晶成長の理解や技術の最前線をこの分野の第一人者の方々に執筆いただいた．また，初心者の方が一人で読んだり，学生の方々が輪講したりする場合を想定し，図面を多く用い，"コラム"，"キーワード"，"トピックス"等により出来るだけわかりやすくなるよう配慮したつもりである．本シリーズが多くの方々に読まれ，この分野の発展に寄与することが出来ればわれわれの大きな喜びとするところである．

　2002年1月5日

編集委員代表

西永　頌

序 文

　エピタキシャル成長の応用編では，青色発光素子材料として期待されているGaInN化合物半導体，量子効果を利用した素子用材料である量子細線・ドット，半導体に磁気的性質を加味できる磁性半導体，超LSIの特性向上を可能にするための電極用シリサイドや強誘電体，太陽電池や薄膜トランジスターに用いることができる多結晶や単結晶のSi薄膜，高温トランジスターなどの新しい用途が期待できるダイヤモンド，さらには有機分子，有機高分子，フラーレンなどの巨大分子といった現在最も注目され，今後重要性が増す先端的材料を取り上げている．

　このような元素，構造，成長方法，使用目的の異なる多岐にわたる材料を対象としているが，エピタキシャル成長の基礎編に記した，結晶成長に影響を与える因子から受ける効果は共通のものがある．すなわち，基板に関係する因子である基板の面方位，面の傾き，表面の形状，格子不整合や成長方法・環境に関係する因子である過飽和，過冷却，成長の駆動力，核形成に対する影響や効果は共通している．さらには，これらの因子を積極的に利用することによって新しい効果を出し，従来得られなかった結晶や構造を実現した成長技術もある．

　3巻基礎編の5章で述べたように，ヘテロエピタキシャル成長では，基板とエピタキシャル層の格子不整合および熱膨張係数の差のために歪みを生じる．この歪みが小さいヘテロ構造では，歪みを緩和することなく内部歪みや曲げが生じるだけで，欠陥が入らないエピタキシャル層を成長することが可能である．大きな格子不整合を持つヘテロ構造では，その歪みを緩和するために主に成長中にミスフィット転位が入る．さらに格子不整合が大きな材料系では，ミスフィット転位に加えて成長中または冷却過程でクラックが入ることにより歪みを緩和する．格子不整合がさらに大きくなると，3巻基礎編の1章1.4節で述べたように，層状のFMモードで成長できなく，歪みを緩和できるように

島状のSKモードやVWモードで成長することになる．現実のエピタキシャル成長では，エピタキシャル結晶と格子整合できる基板がないケースが多く，特殊なバッファ層を基板とエピタキシャル層の間に入れたり，基板とコヒーレント接合しないラテラル成長層を利用するなどの工夫をして歪みを緩和している．

　青色発光素子を得るために研究されているGaInN結晶も，格子整合が可能なGaN基板の作製が極めて難しいために，格子定数のずれたサファイヤやSiCを基板として用いている．そのため大きな格子不整合による歪みの影響でミスフィット転位などの欠陥が入るため，バッファ層に特殊な工夫をするか，基板にかぶせたSiO_2膜のストライプ状の穴からラテラル成長をさせることにより歪みを緩和している．バッファ層の効果では，どのような工夫がなされどのような効果により歪みが緩和され転位が低減されるのか，1章1.1節でそのメカニズムに着目したい．特にバッファ層のアモルファス効果は不明の点が多く重要な課題である．ラテラル成長では，SiO_2膜のストライプ状の穴から上方に成長したGaN層が横方向に成長していく時，SiO_2膜とはコヒーレント接合しないため歪みが緩和される．しかし，別々のストライプ状の穴から横方向に成長したGaN層がぶつかり合ってできた界面は整合しなくずれが生じる．これがGaN層の新たな欠陥となるが，1.2節でこの生成原因や消滅方法に着眼したい．

　量子効果を利用できる新しいナノ構造のエピタキシャル材料として，二次元構造である量子細線と三次元構造である量子ドットが注目されている．量子細線の成長は，エピタキシャル成長がステップで優先的に始まるという特性を利用して意図的に原子ステップを作り，ステップからの成長を制御して行うことにより作製している．この制御のためには，ステップの高さ，ステップ間隔が重要なパラメータになり，2つのステップ間のテラス領域に到達した原子を二次元核生成しないように，いかにステップに移動させるかを成長条件と合わせて工夫しなければならない．このテラス領域での原子移動に際して，上のステップに原子が付く方がエネルギー的に有利か下のステップに付く方が有利かということを知ることも，ステップからの成長を理解するためには必要である．またステップの奥行き方向の形状が成長初期に不揃いでも成長中に揃ってくる

特質も結晶成長の観点からは興味が持たれる．ステップの構造，成長条件とそのメカニズムの関係や，さらには成長した量子細線の物性と構造との関係などに 2 章 2.1 節では着眼したい．

3 巻基礎編の 1 章 1.4 節で記したように，歪み・表面・界面エネルギーのバランスにより成長モードが変化する．3 つの成長モードの中で SK モードを利用することにより，自己形成型の量子ドットを作ることができる．量子ドットの形成にはこの他に，基板を加工して穴を形成し，その位置に量子ドットを形成する方法や，基板に付けたマスクに選択的に穴をあけ，この位置に形成する方法などいくつかの作製手法が研究されている．また，歪みや面方位などを利用した方法も考えられており，成長メカニズムを理解する上でも量子ドットの成長は興味深い課題である．実用化までには量子ドットのサイズ・密度・分布・形状の制御の問題があり，これらの解決のためにはまだまだ結晶成長技術のブレークスルーが必要である．一方，理論的にはこれらの制御性の限界はどこか，またどのような材料系を使う方が有利かなどの課題に答えを出す必要がある．これらの課題に対し，現状はどこにあり，ゴールからどの程度隔たっているかを結晶成長の立場から 2 章 2.2 節で理解したい．

半導体はその電気的，光学的な特性を利用して種々のデバイスが作製されている．最近これらの特性に磁気的特性を加味して，応用範囲を拡げる研究が注目されている．この材料は希薄磁性半導体と呼ばれ，例えば (Ga，Mn) As のように半導体である GaAs と Mn が固溶体を作った化合物をしている．このような化合物をどのようにして作るのか，どのような結晶構造をしているのか，どのような組成範囲まで成長が可能なのか，どのような物性をしているのか大変興味深い課題を提供している．また GaAs/(Ga，Mn) As のような半導体と磁性半導体といった異種材料間のヘテロ界面がどのように整合しているかといった観点に 3 章は着眼したい．

超 LSI は Si 基板の上にマスク付け，露光，イオン注入，アニール，不純物拡散，エッチング等のプロセス技術を駆使して基本的には作製する．しかし，この中にもエピタキシャル成長技術が使われており，特に今後微細化，特性向上，新機能の発現の方向へ進むにつれてますます重要になる．電極材料には微細化が進むにつれてセルフアラインメントが可能で界面安定性の高いシリサイ

ドが使われるようになった。シリサイド化反応は，Si 基板上に蒸着した Ti，Co のような金属をアニールし，それらを拡散して Si と反応させることにより形成される一種の固相エピタキシャル成長と考えることができる。シリサイドは $TiSi_2$，$CoSi_2$ のような安定な化合物で，低いコンタクト抵抗と低いシート抵抗を持つ。シリサイドには，Ti_2Si，$TiSi$，$TiSi_2$ と多くの安定な化合物が存在するため，アニール温度とアニール時間によりいろいろなパスを通ってシリサイドが形成される。このため目的とする安定なシリサイドを得るためには，アニールの温度と時間が極めて重要なパラメータとなる。また $TiSi_2$ は，C 49，C 54 といった粒径，原子密度，電気的性質の異なる 2 種類の構造が存在する。このため，これらの安定性が電極の幅に依存するという興味ある現象も見られる。さらに，Ti，Co といった金属種により Si との相対的拡散方向が異なり，これもシリサイド形成にいろいろな現象をもたらしている。Si とシリサイドのヘテロ界面が，エピタキシャル成長と言えるような，どういった接合を形成しているかも重要なポイントである。4 章 4.1 節ではこれらのポイントに着眼したい。

多結晶 Si 薄膜は，液晶ディスプレーの薄膜トランジスター用結晶として実用化の段階に入っている。Si 薄膜は常に効率とコストのバランスの上に立っており，基板材料としてはガラスを利用できることが望まれている。しかし，Si 原子が基板上で活発に動き，最適なサイトに落ち着いて結晶成長していくには，ある程度の高い温度が必要である。このような高い温度ではガラス基板が軟化し，曲率が生じたり溶融したりするので，全体の成長温度を高められない。そのため，CVD 法でアモルファス Si 膜を成長した後，レーザアニールを行うことによって局所的に再溶解・凝固を行い，ガラス基板の温度が上昇しない方法が取られている。また，Si 原子に付加的にエネルギーを与えて活性化し，成長しやすくする方法も考えられている。これらの方法では，本質的に大きな過冷却状態になるため，大きな結晶粒が得にくく，また微結晶などの欠陥の多い結晶部分ができるなど，難しい課題がある。このため，核を導入して固相成長を行うなどいろいろな工夫がなされている。多結晶 Si 薄膜は液晶ディスプレーだけでなく，高効率・低コストの太陽電池用結晶としても注目されている。この目的のためにも大きな結晶粒が必要であり，欠陥・不純物の少ない

厚膜結晶が要求される．この Si 薄膜成長では，ゾーンメルト法等を用いて高温で成長する方法と，ガラス基板の上に低温で成長する方法がある．低温成長では高価なレーザアニール法が使えないため，種々の Si 原子の活性化法が取られている．高温と低温のどちらの成長法でも，大きな過冷却度をつけた状態からの成長となっている．4 章 4.2 節では，Si 薄膜成長の結晶性，制御性と成長方法や成長条件との関係にも着眼したい．

多結晶 Si 薄膜は，結晶欠陥の集まりである粒界の密度が増すと電子の移動度が減少し，薄膜トランジスターの性能が落ちる．さらに，多結晶を用いると粒界の入った素子と入らない素子ができて特性のばらつきが大きくなる．このため，単結晶 Si 薄膜が望まれるようになってきた．薄膜全面を単結晶にすることは現状技術では不可能なので，核を一定間隔で植え付け，そこを中心に数 100〜数 1000 μm 程度成長させて，選択的に単結晶薄膜を形成する技術がある．これには特殊な形状を持った島状 Si にマスクを付けて保温し，溶融を促進しながら核形成・成長を行う方法など，いろいろな成長方法が報告されている．基板上のエピタキシャル成長ではないが，核からの横方向のエピタキシャル成長とも考えることができ，核の発生・消滅や核の選別・成長など興味深い現象が見られる．4 章 4.3 節では，これらの現象に基づいた核からの成長の理解に着眼したい．

超 LSI のメモリー素子は，従来はキャパシタ部分に電荷を蓄えるか取り出すかで ON-OFF 状態を作っていたが，近年強誘電体材料を用いて電界のかけ方を制御することにより誘電率を変化させ，これにより ON-OFF 状態を作るメモリー素子が研究されている．この強誘電体材料はゾルゲル法などにより一般にエピタキシャル成長しないで作製されるため，結晶方位が不揃いで均一性が悪いなどの課題がある．この強誘電体膜をエピタキシャル成長する研究がなされており，高配向の均一性に優れた膜を作製できるため，高集積化が期待されている．エピタキシャル膜の物性（例えばキュリー温度）が基板との格子歪みによって変わるなど興味深い現象が見られる．4 章 4.4 節ではエピタキシャル膜の格子歪みと誘電体物性の相関に着眼したい．

半導体のエピタキシャル成長では，量子ドットなど一部の例外を除いて，基板全面でできるだけ格子を整合させるように成長する．しかし，有機分子のよ

うな巨大分子の KCL やグラファイト基板上へのエピタキシーは，分子を構成する原子の位置と基板原子の位置との整合性は一般になく，特有な成長をする．すなわち，特定位置への分子吸着が起こり，複数の分子からなるユニットセルとマクロ的に整合するような界面を形成したり，あるいは基板表面と単分子層の低次の格子線が整合するような成長が起こり，全格子点での整合とは異なった成長形態を取る．また，有機高分子のように鎖状分子のエピタキシャル成長では，基板面の格子定数との整合性よりも，基板面のイオン配列との整合性にウェイトを置いて吸着・核形成して成長する．このように，基板の格子間隔に比べてはるかに巨大な分子がエピタキシャル成長するメカニズムの理解と成長した結晶の性質・特徴に第 6 章では着眼したい．

2002 年 5 月

中嶋一雄

目　次

1. 格子不整合系のエピタキシャル成長の欠陥制御 …………………… 1
   - 1.1 低温堆積層を用いたサファイヤ基板上への GaN
       エピタキシャル成長 ………………………………… 天野　浩… 1
     - 1.1.1 はじめに　1
     - 1.1.2 低温堆積緩衝層の機構　9
     - 1.1.3 単結晶 GaN 上の低温堆積層　14
   - 文献 ……………………………………………………………………… 19
   - 1.2 エピタキシャル横方向成長 ………………… 碓井　彰・酒井　朗… 20
     - 1.2.1 エピタキシャル横方向成長の種類　20
     - 1.2.2 GaN におけるエピタキシャル横方向成長　22
     - 1.2.3 GaN エピタキシャル横方向成長における転位の動き　27
     - 1.2.4 エピタキシャル横方向成長の特徴と応用　35
   - 文献 ……………………………………………………………………… 36

2. ナノ構造のエピタキシャル成長 ……………………………………… 38
   - 2.1 量子細線 ……………………………………………… 福井孝志… 39
     - 2.1.1 はじめに　39
     - 2.1.2 微傾斜面上の量子細線の形成　41
     - 2.1.3 加工基板上への量子細線の形成　46
     - 2.1.4 選択成長による量子細線の形成　48
     - 2.1.5 まとめ　51
   - 文献 ……………………………………………………………………… 52
   - 2.2 量子ドットとエピタキシー ………………………… 佐久間芳樹… 52
     - 2.2.1 はじめに　52
     - 2.2.2 選択成長を利用した量子ドット作製技術　54
     - 2.2.3 加工基板を用いる方法　57

  2.2.4　セルフアセンブル法　*62*
  2.2.5　材料の広がりと今後の課題　*71*
 文献 …………………………………………………………………… *72*

3. 磁性半導体のエピタキシャル成長 …………大野英男・黒田眞司… **73**
 3.1　磁性半導体とは ………………………………………………… *73*
 3.2　希薄磁性半導体の物性 ………………………………………… *74*
  3.2.1　交換相互作用とバンドの分裂　*74*
  3.2.2　磁性スピン間の相互作用と磁気的性質　*75*
 3.3　II−VI族希薄磁性半導体の成長と物性 ……………………… *76*
  3.3.1　結晶成長　*77*
  3.3.2　ドーピング　*79*
  3.3.3　物性　*81*
 3.4　III−V族希薄磁性半導体の成長と物性 ……………………… *81*
  3.4.1　低温成長　*81*
  3.4.2　(In, Mn) As の成長と物性　*84*
  3.4.3　(Ga, Mn) As の成長と物性　*85*
 3.5　IV−VI族希薄磁性半導体の成長と物性 ……………………… *88*
  3.5.1　結晶成長　*89*
  3.5.2　物性　*90*
 3.6　希薄磁性半導体ナノ構造の成長 ……………………………… *91*
  3.6.1　II−VI族希薄磁性半導体ナノ構造　*91*
  3.6.2　III−V族希薄磁性半導体ナノ構造　*91*
 3.7　磁性体/半導体構造のエピタキシャル成長　*92*
 文献 …………………………………………………………………… *92*

4. 超LSI周辺におけるエピタキシャル ……………………… **94**
 4.1　シリサイド化固相成長 …………………………………財満鎭明… *94*
  4.1.1　シリサイドの性質と固相成長　*95*
  4.1.2　シリサイドのエピタキシャル成長　*100*
  4.1.3　シリサイドの応用　*104*

文献 …………………………………………………………………… *108*
　4.2　多結晶 Si の薄膜成長 ………………………………… 松村正清… *109*
　　4.2.1　はじめに　*109*
　　4.2.2　固相結晶化法　*110*
　　4.2.3　溶融・再結晶化法　*112*
　　4.2.4　エキシマレーザ溶融・再結晶化法　*114*
　　4.2.5　まとめ　*121*
　　文献 …………………………………………………………………… *123*
　4.3　アモルファス基板上の選択的単一核形成法 …………… 米原隆夫… *123*
　　4.3.1　アモルファス基板上に単結晶は形成できるか？　*123*
　　4.3.2　SENTAXY の原理　*125*
　　4.3.3　化学気相法（CVD）による選択単一核形成　*127*
　　4.3.4　固相結晶化で単一核は選択的に形成できるか？　*132*
　　文献 …………………………………………………………………… *137*
　4.4　強誘電体の成長 …………………………………………… 阿部和秀… *138*
　　4.4.1　エピタキシャル誘電体薄膜の利点　*138*
　　4.4.2　エピタキシャル BST 膜における格子不整合歪み　*143*
　　4.4.3　エピタキシャル BST 膜の強誘電特性　*146*
　　4.4.4　むすび　*147*
　　文献 …………………………………………………………………… *148*

5．プラズマ励起エピタキシー ………………………………… 名西憓之… ***149***
　5.1　原理，特徴と分類 ………………………………………………… *149*
　5.2　プラズマ励起効果とプラズマ診断法 …………………………… *152*
　5.3　不純物ドーピングへの適用 ……………………………………… *154*
　5.4　GaN 成長への適用 ……………………………………………… *154*
　　文献 …………………………………………………………………… *158*

6．巨大分子のエピタキシャル成長 …………………………………… ***160***
　6.1　平面多環式化合物系 ………………………… 磯田正二・小林隆史… *161*
　　6.1.1　はじめに　*161*

6.1.2　有機エピタキシーの研究方法と考え方の発展　*162*
　　6.1.3　平面多環式化合物の無機基板上でのエピタキシー　*164*
　　6.1.4　大型有機分子の有機/有機エピタキシー　*172*
　　6.1.5　まとめ　*177*
　文献 …………………………………………………………………… *177*
6.2　フラーレン系 ………………………………… 八瀬清志・吉田郵司… *178*
　　6.2.1　カゴ型 π 共役分子の特長—超伝導から発光特性まで—　*178*
　　6.2.2　ファン・デァ・ワールス エピタキシー
　　　　　—各種無機結晶基板上での成長—　*180*
　　6.2.3　薄膜成長のダイナミックス—吸着・核発生・表面拡散—　*182*
　　6.2.4　高品質薄膜結晶創製に向けて　*184*
　文献 …………………………………………………………………… *186*
6.3　有機高分子系 ……………………………………………… 上田裕清… *188*
　　6.3.1　はじめに　*188*
　　6.3.2　エネルギー論的取り扱い　*188*
　　6.3.3　気相成長　*190*
　　6.3.4　固相重合による高分子配向膜の作成　*192*
　　6.3.5　高分子配向膜を基板とする結晶成長　*195*
　文献 …………………………………………………………………… *197*
　索引 …………………………………………………………………… *198*

―――――― 役に立つ・息抜き話しのアラカルト ――――――

Coffee Break

　災い転じて福となす？ ……………………………… 佐久間芳樹… *62*
　プラズマは物質合成のプロセスとしても魅力的！ ……… 名西憓之… *159*

Key Word

　変調ドープ構造 ……………………………………… 福井孝志… *41*
　g 因子，スピングラス，RKKY ………… 大野英男・黒田眞司… *76*
　三次元アライメント ………………………………… 米原隆夫… *125*

粒成長 …………………………………………………米原隆夫… *126*
　ダイナミック・ランダム・アクセス・メモリー ………阿部和秀… *141*
　トポケミカル過程 ………………………………………上田裕清… *195*

Column

　薄膜の成長様式 …………………………………………天野　浩…　*6*
　GaN の成長における HVPE 法と MOVPE 法の原理 ……天野　浩…　*7*
　自由励起子発光 …………………………………………天野　浩…　*8*
　MOVPE …………………………………………碓井　彰・酒井　朗… *22*
　HVPE ……………………………………………碓井　彰・酒井　朗… *25*
　電子の次元について ……………………………………福井孝志… *39*
　表面原子再配列と RHEED パターン …………大野英男・黒田眞司… *82*
　アモルファス相の形成 …………………………………財満鎭明… *100*
　応力による強誘電特性変化 ……………………………阿部和秀… *142*
　変調コントラスト（モアレ）……………………磯田正二・小林隆史… *170*

1 格子不整合系の
エピタキシャル成長の欠陥制御

　結晶成長を生業とするものにとって究極のテーマの一つに，カオスからコスモス，すなわち非晶質から単結晶，牽いては完全結晶を生み出す技術の会得が挙げられる。本章のテーマである格子不整合の極めて大きい基板上への半導体結晶の成長は，それにいたる前段階と言えるかもしれない。本章では，特にサファイア基板上へのGaNの結晶成長を取り上げる。この系には16％もの大きな格子不整合が存在する。

　GaNの結晶成長に低温堆積緩衝層が大きな役割を果たしたことは良く知られている。低温堆積緩衝層自体が道標となり，結果的に青色発光ダイオードとして結実した。1章の第1節では，低温堆積緩衝層の機構の詳細を解説する。

　一方，結晶の完全性については，低温堆積緩衝層はいまだ道半ばであり，結晶欠陥，特に貫通転位を如何にして無くすかが課題である。第2節では，転位低減の方法として，下地の結晶情報のごく一部をウィンドウ部において引き継ぎ，さらにマスク上へ横方向成長を利用し転位を低減させるELO技術の詳細および転位低減の機構を紹介する。

1.1　低温堆積層を用いたサファイア基板上へのGaNのエピタキシャル成長

1.1.1　はじめに

　シリコン，GaAsに続く第三世代のエレクトロニクス・オプトエレクトロニクス用材料としてⅢ族窒化物半導体，窒化ガリウム"Gallium　Nitride (GaN)"が期待されている。1989年に同材料を用いたpn接合型発光ダイオー

ドが実現し[1]，その4年後には青色発光ダイオード（Light Emitting Diode：LED），続いて緑色 LED が実用化した．現在ではフルカラー大型表示装置が街角を飾り，交通標識は徐々に LED に置き換えられつつある．その電力-光度変換効率は白熱電球を上まわり，蛍光灯の効率に急速に近づいている．21世紀には，多くの照明に同材料をベースにした LED が用いられるであろう．高効率・長寿命という特徴に留まらず，人の体調・心理状態に合わせた色彩など，高度な機能を持った照明が実現できる．情報処理分野では，CD，DVD につぐ次世代記録装置として，紫色レーザダイオード（Laser Diode：LD）を光源とした高密度光記録装置が考えられている．新しい情報メディアにおける大容量・超高速記録システムとしての貢献が期待される．さらに同材料を用いたリモートセンシング・火炎センサー用固体紫外線撮像素子や生化学応用，移動通信システム用マイクロ波中継局における大電力トランジスタなど，さまざまな可能性が検討されている．これら高機能デバイスの多くが，サファイアという16％以上もの格子不整合のある基板上に作製されている．この系では，格子整合は必須との常識が通用しないのであろうか．それとも，これらの高機能デバイスには高品質単結晶は必要ないのであろうか．答はいずれも否である．低温堆積層という特有の成長法・界面制御法が，従来の常識を打ち破ったのである．

　本節では結晶成長の立場から，これら高機能デバイス実現の基礎となった最も大きな要因である低温堆積緩衝層について，今までに報告され理解されてきた効果と機構を総括する．

　サファイア上の GaN 単結晶成長は，最初1969年に Maruska と Tietjen によって行われた[2]．成長法は HCl と金属 Ga を反応させて生成した GaCl あるいは $GaCl_3$，およびアンモニアを原料としたハロゲン気相成長（Halogen Vapor Phase Epitaxy または Hydride Vapor Phase Epitaxy：HVPE）法であった．その結晶を用いて GaN のバンド構造，光学的特性，電気的特性など基礎的物性が解明された．しかしながら，発光素子など応用面に関しては，はかばかしくは進展しなかった．その根本原因は，劣悪ともいえる結晶品質にあったと云われている．GaN の成長において主に用いられるサファイアの面方位は，六方晶系の結晶で用いられるミラー指数で表記すると，(0001)面（C

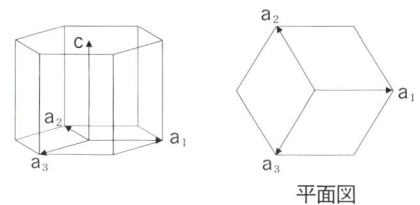
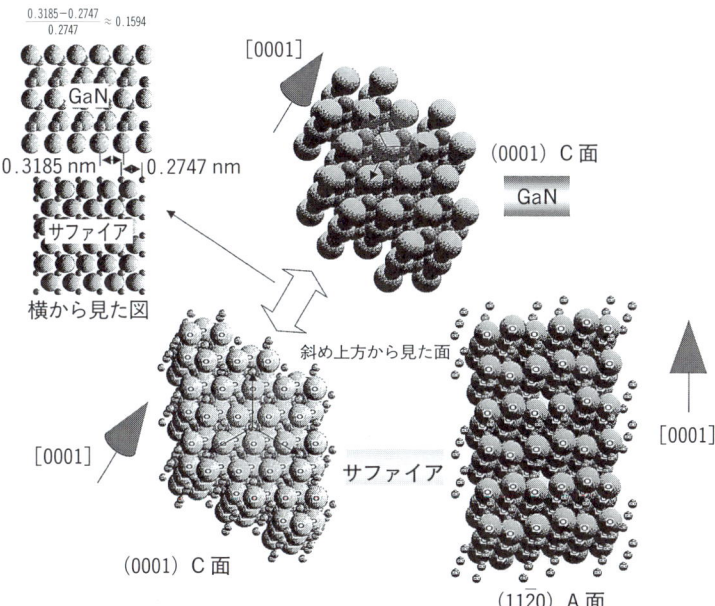

図 1.1 （a）六方晶系のミラー指数の説明。正六角形の平面内に 3 つ（a_1, a_2, a_3 方向），c 軸と呼ばれる平面に垂直な方向に 1 つ（c 方向）の指数を用いる。($h\,k\,l\,c$) と表記され，h, k, l がそれぞれ a_1, a_2, a_3 方向の指数であり，常に $h + k + l = 0$ が成り立つ。図（b）斜め上方から見た図は，GaN の成長に用いられるサファイアの主な結晶面である（0001）C 面および（11$\bar{2}$0）A 面の原子配列と，その上に配向する GaN（0001）C 面の原子配列。横から見た図は，サファイア C 面と GaN C 面の原子配列（図の作成にあたり，M. Kuramatsu 作 Crystal Ver. 1.24 を使用した）。

面），(11$\bar{2}$0)面（A 面），および（10$\bar{1}$2)面（R 面）である。図 1.1 に，六方晶系のミラー指数を示す。立方晶系のミラー指数と異なり，4 つの数字で表される。現在，GaN 成長用のサファイア基板はほとんど C 面および A 面が用いられている。図 1.1 にサファイア C 面および A 面の原子配列を示す。同図に示

すように，C 面および A 面どちらの面に対しても GaN は [0001] 軸（c 軸）方向に成長する傾向があり，面内の配向関係は，サファイア C 面の場合は $[11\bar{2}0]_{\text{Sap.}}//[10\bar{1}0]_{\text{GaN}}$，サファイア A 面の場合は $[0001]_{\text{Sap.}}//[10\bar{1}0]_{\text{GaN}}$ である。C 面どうしを比較した場合，図 1.1 に示すように GaN はサファイアに対して，16 %ほど平面内の格子定数 a が長い。一般に基板との格子不整が存在する場合，成長初期には平面内の二軸性応力が加わる。その応力による歪みエネルギーが材料の弾性限界を超えると斜め方向のすべり，すなわち転位などの欠陥を発生して緩和する。多くのⅢ-Ⅴ族化合物半導体は閃亜鉛鉱構造を形成するが，例えば (100) 面上に成長する場合，主に {111} 面がすべり面となって二軸性応力を緩和する。一方 GaN は，サファイア上に成長する場合，通常は六方晶ウルツ鉱構造を形成する。c 軸方向に成長する場合，格子不整に基づく応力の緩和機構は，閃亜鉛鉱構造の場合とは異なる。ウルツ鉱構造における c 軸方向に伝播する代表的な貫通転位は，バーガーズベクトルがそれぞれ $\vec{b} = [0001]$, $\frac{1}{3}[11\bar{2}0]$, $\frac{1}{3}[11\bar{2}3]$ の純粋らせん転位，純粋刃状転位および混合転位である。伝播が c 軸方向であるため，格子不整合によって生じる応力とは垂直方向である。すなわち，面内の二軸性応力によってこれらの転位を発生させ緩和するには，極めて大きい力が必要となる。

　それでは，サファイア上の GaN の場合，格子不整はどのように緩和されているのであろうか。気相成長法で GaN を高温で直接サファイア上に成長したときの成長過程の概略と表面の SEM 写真を図 1.2 に示す。過飽和度などの結晶成長条件に依存することではあるが，大きな格子不整を反映して，成長の極初期には Volmer-Weber 型の成長様式で結晶核が形成すると考えられる（図 1.2(a)，(薄膜の成長様式についてはコラムを参照)。大きな格子不整を緩和するため，それぞれの結晶粒の結晶方位は基板の結晶方位と完全には一致せず，しかも結晶粒どうしでもそれぞれの結晶方位は一致しない。成長方向に対する結晶軸のずれをチルトと呼び，面内での結晶軸のずれ，すなわち面内での回転をツイストと呼ぶ。図 1.2(d) にチルトおよびツイストの概念を示す。結晶成長核が発生した部分は，表面原料濃度が下がって原料の吸い込み口となり成長が促進するが，その廻りでは逆に核発生しにくくなる（図 1.2(b))。い

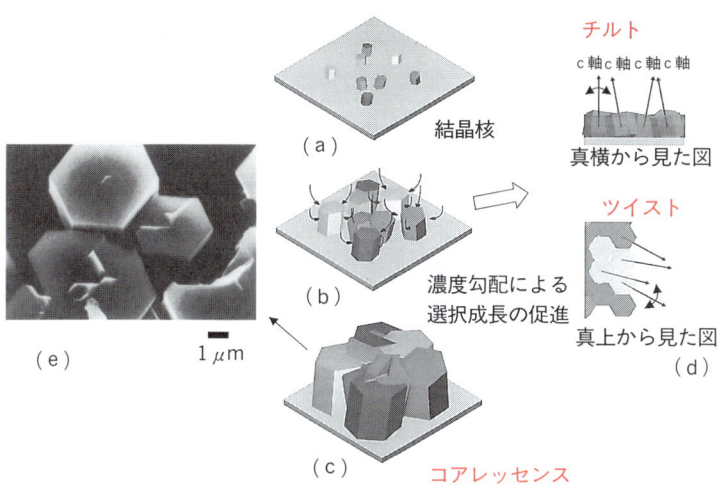

図1.2 (a)〜(c)サファイア上に直接高温で気相成長した場合のGaNの成長過程の概略図。(d)柱状構造における成長方向での結晶方位揺らぎ、いわゆるチルトと、面内の結晶方位揺らぎ、いわゆるツイストを説明した図。(e)サファイア上に直接高温でMOVPE成長したGaNの表面SEM写真。

ずれそれぞれの結晶成長核は成長して大きくなり合体するが、特に初期段階で積層欠陥などの高密度結晶欠陥を発生する。さらに成長しても、それらの領域は、それぞれそのままの形で成長し、図1.2(c)、あるいは(e)に示すような柱状構造を形成する。HVPE法でサファイア上に成長したGaN結晶は、サファイア界面から数ミクロン〜10数ミクロンにわたって、結晶軸のずれた結晶粒の合体によって生成した高密度欠陥領域が存在し、その領域には高濃度にドナーが残留してしまう。高濃度ドナーの起源は、成長中に取り込まれる酸素など不純物のほか、欠陥自体がドナーとして働くなどが考えられている。発光素子を作製するには、その高欠陥密度・高残留ドナー濃度部分を避けるために10ミクロン以上の厚膜を必要とした。しかし、数10 μm以上の厚膜成長をすると、主に結晶粒界が合体する過程で発生すると思われるGaN成長中の二軸性引っ張り応力などのために、界面付近にクラックと呼ばれる割れが発生する。さらに、逆六角錘状のピットと呼ばれる穴などの表面欠陥も多く、これらを制御するのは熟練を必要とし、再現性も極めて低かった。

1971年Manasevitらによって始められたⅢ族窒化物半導体の有機金属化合

> **COLUMN** 薄膜の成長様式

異種材料基板上への薄膜の結晶成長では，基本的にはプリカーサーと呼ばれる原子，または原子様物質の表面泳動性により，エネルギー的に安定な形態を形成する。その形態は，一般にプリカーサーと基板を構成する原子との結合エネルギーの大きさにより，以下の3つに分類されている。図C-1には，各形態の概略を示している。

<u>Frank-van-der-Merwe 型</u>：基板とプリカーサーとの結合が大きく，1層ごとに成長する。基板がすべて薄膜で覆われた後でも層ごとの成長が持続する。半導体結晶では，格子不整合が非常に小さい場合にこの形態をとりやすい。

<u>Stranski-Krastanov 型</u>：基板とプリカーサーとの結合はある程度大きく，基板と接する1層目は Frank-van-der-Merwe 型と同様に成長する。しかし，2層目あるいは数層後には基板との結合力の寄与は薄れ，三次元的に成長し始める。

<u>Volmer-Weber 型</u>：基板とプリカーサーとの結合が小さく，1層目が基板をすべて被覆する前に三次元的な成長が起こる。半導体結晶では，格子不整合が大きい場合にこの形態をとりやすい。

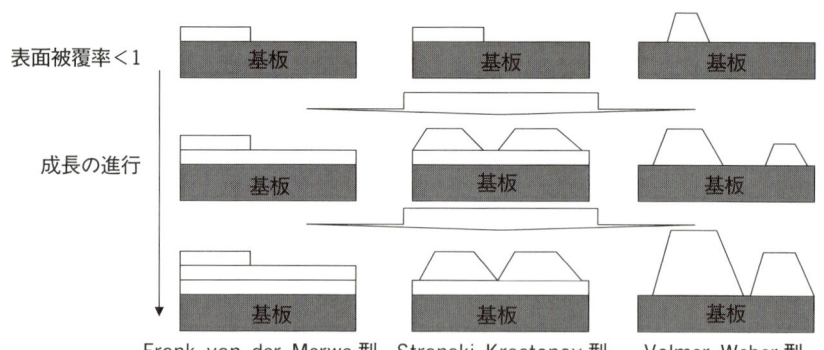

図C-1　薄膜の結晶形態の概略図
基板と成長層の結合の強さの順に Frank-van-der-Merwe 型, Stranski-Krastanov 型, Volmer-Weber 型の形態をとりやすくなる。

物気相成長（Metal-Organic Vapor Phase Epitaxy：MOVPE）法[3]は，HVPE 法と比べると単一個所のみ加熱すればよい（HVPE 法と MOVPE 法の原理については，コラムを参照）。HVPE 法と比べて原料供給時に特別な反応の制御を必要とせず，単にガス流量のみで供給量の制御が可能であることか

COLUMN　GaN の成長における HVPE 法と MOVPE 法の原理

図 C-2 にそれぞれの成長法の概略を示す。HVPE 法では一般に，900℃程度の高温に保持された金属ガリウムと塩化水素ガスを反応させて主に塩化ガリウムを生成し，1,000℃程度に保たれた基板付近でアンモニアと反応させて GaN を成長する。塩化ガリウム生成部および基板の少なくとも 2 箇所の温度制御およびガス流量の制御を必要とする。MOVPE 法では，一般には基板のみが 1,000℃程度に加熱され，そこにガリウム原料の有機金属化合物と窒素原料であるアンモニアが輸送され，GaN が成長する。基本的に加熱箇所は基板のみである。

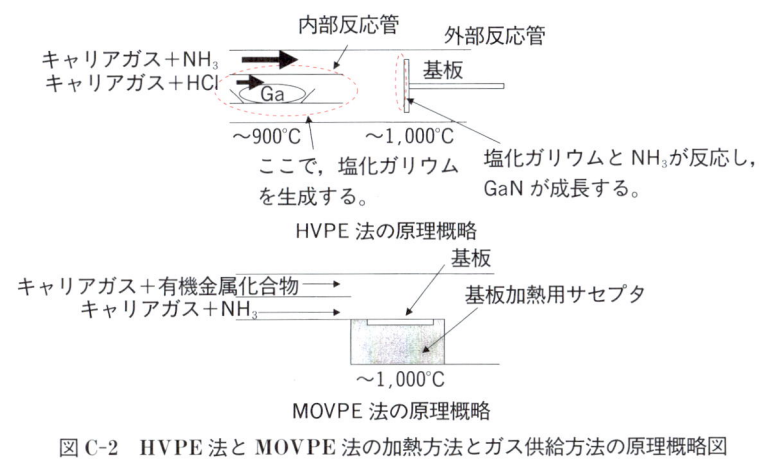

図 C-2　HVPE 法と MOVPE 法の加熱方法とガス供給方法の原理概略図

ら，格段に制御が容易である。この制御性を武器に MOVPE 法による研究が開始された。研究開始当初は HVPE 法をそのままフォローする形で進められていたが，HVPE 法と比べると成長速度が遅いため厚膜成長が苦手なことから，前に述べた基板との界面付近の高密度に結晶欠陥の存在する層を利用せざるを得ず，なかなか HVPE 法で作製された厚膜 GaN の特性を超えることはできなかった。

低温堆積緩衝層により状況は一変した[4]。表面は原子スケールで平坦であり，ステップフロー成長が容易に実現し，チルトおよびツイスト分布は共に 1/5 以下になった。また残留ドナー濃度が激減し，$10^{15}\mathrm{cm}^{-3}$ 以下のキャリア濃度を持

つ高純度結晶の作製が可能となった。また，フォトルミネッセンス測定では，室温で自由励起子発光が明瞭に観測されるようになった（自由励起子発光についてはコラムを参照）。その他すべての特性が従来と比べて格段に優れた GaN が再現性よく得られるようになった。クラックに関しては，主に成長中の二軸性引っ張り応力が原因で，厚膜成長すると GaN 中に発生することは同じであるが，数ミクロンの薄膜でも，LED などの発光素子としては十分品質の優れた GaN が得られるために，厚膜成長は必要なくなった。残留ドナー濃度が格段に減少したために，他のアクセプター不純物と比較して活性化エネルギーの小さい Mg を用い，さらに脱水素化処理法を用いることにより，p 型伝導性を持つ GaN，およびそれを用いた p-n 接合型青色・紫外 LED が実現した[1]。さらに Si などのドナードーピングにより，n 型伝導性制御が格段に容易になった[5]。低温堆積緩衝層および p 型の実現は，GaN 系材料への世界中の研究者の関心を集めることとなり，世界各地で開発は急ピッチで進められ，青色 LED の実用化，緑色 LED の実用化，紫色 LD の実現などに結びついた。この開発において，日本が常に先導的役割を果たしたことは，特筆すべきであると思わ

COLUMN 自由励起子発光

純度の高い絶縁性ナイトライド半導体結晶，特に GaN を，バンドギャップ以上のエネルギーをもつ光子で励起すると，生成された電子と正孔が結合してワニエ型と呼ばれる励起状態を作る。これを自由励起子と呼ぶ。結合エネルギーは水素原子様であり，$E_b = \dfrac{\mu e^4}{32\pi^2 \hbar^2 \varepsilon^2} \dfrac{1}{n^2}$ と書かれる。μ は電子と正孔の還元質量，e は電子の素電荷，$\hbar$ はディラック定数，ε は誘電率，n は量子数である。励起されて生成した自由励起子は，運動エネルギーを失い，ほぼバンドギャップから結合エネルギー分だけ低いエネルギーの光子を放出して消滅する。GaN の価電子帯は 3 つに分裂しているが，そのうち 2 つの価電子帯の $n = 1$ の自由励起子の結合エネルギーはどちらも約 26 meV と，室温の熱エネルギー約 25.8 meV と同程度のため，室温でも 2 つの価電子帯の自由励起子の消滅による光子の放出，いわゆる自由励起子発光が観察される。不純物の多い結晶の発光過程は実際には複雑であるが，一般には不純物がバンドギャップ中に形成する準位に基づく光子が放出される。

れる。

　この低温堆積緩衝層は，MOVPE 法を用いてサファイア上に GaN を成長するためには，必須の方法といってよい。最近，欠陥密度をさらに低減するために，他の化合物半導体で提案・開発されたマイクロチャネルエピタキシー法[6]を応用した横方向成長法が用いられている[7]（詳しくは，次節を参照）。この横方向成長法においても，下地の GaN 結晶作製のため低温堆積緩衝層が用いられることが多い。

1.1.2　低温堆積緩衝層の機構

　従来の研究から，低圧～1気圧付近での気相成長によるウルツ鉱構造 GaN のエピタキシー温度は，900～1,100℃程度であることが分かっている。AlN のエピタキシー温度は，これよりさらに100℃以上高い。エピタキシー温度より低くなるに従って，多数の積層欠陥を含む構造，多結晶六角錐柱状構造，さらに低温になると極めて微小な微結晶粒界構造を形成する傾向がある。低温堆積緩衝層は，この微結晶粒界構造を形成している。図 1.3 に成長時の温度プログラムを示す。他の化合物半導体で用いられるような従来の成長法のプロセス

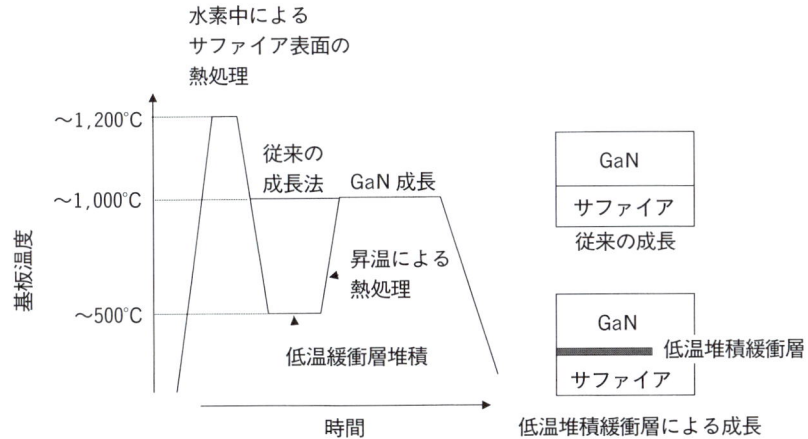

図 1.3　MOVPE 法によるサファイア基板上への GaN 成長の基板温度プログラム
従来の成長法と低温堆積緩衝層を用いる場合の両方を示している。右の図は，断面の概略図である。

では，サファイア基板表面を高温で水素に曝して洗浄・平坦化したのち，温度をエピタキシー温度に保持して GaN 成長を開始する．その結果，図 1.2 に示すような過程を経て，低品質の GaN になってしまう．

低温堆積緩衝層を用いる場合には，図 1.3 に示すように，成長前に，いったん基板温度を 500～600°C 程度と，微結晶粒界構造を形成する温度にまで下げた後，AlN または GaN を 20～100 nm 程度堆積する．低温で堆積しているため，最初から高温で成長する場合と比較すると，空間的に極めて均一かつ平坦に堆積する．微結晶粒界の大きさは AlN の場合 10 数 nm 程度であり，GaN の場合はそれより若干大きい．

次に，堆積後から GaN のエピタキシャル成長に至る過程を説明しよう．図 1.4 に概念図を示している．堆積直後は微結晶粒界構造を形成している低温堆積堆積層（図 1.4(a)）は，エピタキシー温度にまで昇温する過程で熱処理され，内部の原子が再配列する．原子再配列の様態は AlN 低温堆積緩衝層（以下 AlN 緩衝層と略記）と GaN 低温堆積緩衝層（以下 GaN 緩衝層と略記）の場合では若干異なる．ここでは，AlN 緩衝層を中心に説明する．

AlN 緩衝層の場合には，比較的表面の平坦性は保たれたまま，固相成長に

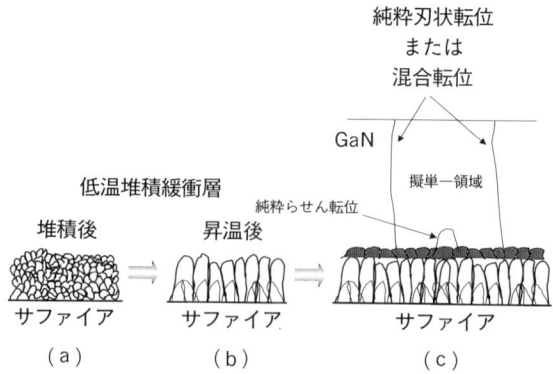

図 1.4 サファイア上 GaN の低温堆積緩衝層の堆積後(a)と昇温による熱処理後(b)の，内部構造の概念図．AlN 緩衝層と GaN 緩衝層の基本的な構造は同様．堆積後，大きさ数 10 nm 程度の微結晶粒界構造は，昇温による熱処理によって原子再配列によって配向し，微小柱状構造を形成する．GaN は，さらに表面泳動あるいは昇華-再付着の影響が大きいため，昇温による熱処理後では AlN と比べて凹凸が大きい．(c) は AlN 緩衝層上の GaN まで含めて示した概略図．

より微結晶粒が徐々に大きくなり柱状的に伸びて，[0001]軸（c軸）が面に垂直方向に向き始める（図1.4(b)）。図1.5に示すように，断面の透過電子顕微鏡像によれば，サファイア表面から数10 nmに至るまで，AlN緩衝層のc軸の傾きが大きい部分がある。AlNのc面内に投影したボンド結合長はサファイアと比較して約13.3％程度長い。この格子不整は，図1.5中，"A"で示すようにAlN緩衝層内で結晶粒ごとに，c軸が少しずつ，いわばジグザグに傾いていること，および微小柱状的な構造により緩和されていると考えられている。軸の大きく傾いた柱は，サファイアとの界面から数10 nm付近の領域で固相成長が止まる。それ以降の上の部分，図1.5中"B"の部分では，軸の方向がかなり揃った微小柱状的な構造のみが残る。この微小柱状的な構造により，基板であるサファイアの結晶情報が伝達されると考えられる。柱と柱の界面ははっきりしないが，直径は大体数10 nm程度である。界面付近や内部には，刃状転位や積層欠陥と思われる欠陥が極めて高密度に観察される。その上にエピタキシー温度においてGaNを成長させると，図1.6中"C"で示すように，最初の数10 nmでは微小柱状構造を有する下地のAlNに従って成長す

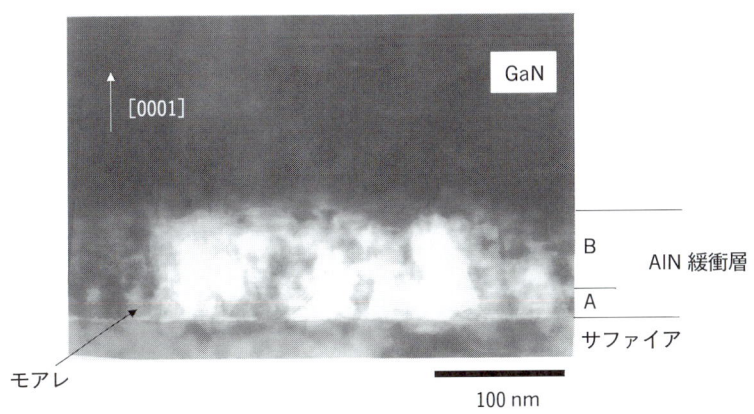

図1.5 AlN緩衝層を用いた場合のGaN成長後の断面透過電子顕微鏡写真
AおよびBの部分が，低温堆積AlN緩衝層。AとBの違いは自然に形成される。Aの部分では，回転モアレがよく観察され，また，微小柱状構造の集合となっている。この構造によりサファイアとAlNのミスマッチが緩和されている。Bの部分は，結晶方位の比較的揃った微小柱状構造の集合であり，この部分によりサファイアの結晶情報が伝達されていると考えられる。

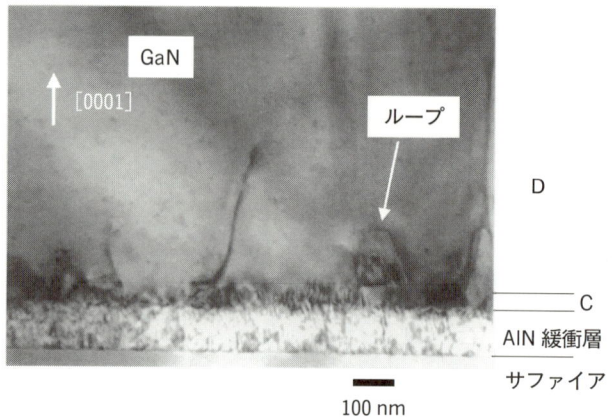

図1.6　75の試料の，より低倍の断面透過電子顕微鏡写真

Cの部分では，下地のAlNと似た微小柱状構造の集合体で，きわめて高密度の欠陥が集中している。この部分で，AlNとGaNのミスマッチを緩和している。Dは，GaNの単一領域が形成された部分。Dの部分にある転位は，純粋らせん転位，純粋刃状転位および混合転位が主であるが，このうち純粋らせん転位は，図にループと示しているように，ループを形成して終端してしまい，上には殆ど伝播しない。したがって，上のGaN層における貫通転位の大部分は，純粋刃状転位および混合転位の2種類である。

るため，きわめて欠陥の多い領域となる。この領域で，AlNとGaNの2.4％程度の格子不整を緩和していると考えられる。その後，いずれかの部分で効率のよい原子ステップの発生源があり，そこからの原子ステップが，その近隣の微小柱状的構造を埋め込むように成長が進むと推測されている。最終的には，図1.6中"D"で示すように，平面内で直径100 nm〜1 μm程度の単一領域が形成される。

　この領域中の貫通転位のうち，らせん転位は，図中に示すように厚さ数100 nm付近に至るまでにループを形成して，それ以降の成長層にはあまり貫通しない。したがって，最終的に残る貫通転位の主なものは刃状転位および混合転位である。それぞれの単一領域の原子ステップ発生効率がすべて同程度であると仮定すると，同じ速度で成長が進行するため，全体を見ると柱状の単一領域で構成された構造となる。図1.4(c)に示すように，単一領域の直径はAlN緩衝層における微小柱状的構造と比較して1桁以上大きい。単一領域内では，適当な成長条件において，ステップフロー的に成長が進行する。貫通転位は，

その単一領域どうしの合体過程で発生すると考えられている。したがって，それぞれの単一領域の直径をより大きくすることが，貫通転位の低減につながる。通常は $10^9\mathrm{cm}^{-2}$ よりさらに高密度の貫通転位が存在するが，原子ステップ源を制御して低密度化したり，あるいは成長条件を最適化するなどして $10^8\mathrm{cm}^{-2}$ 台，すなわち $1\,\mu\mathrm{m}$ 角ごとに 1 本程度，あるいはそれ以下にまで貫通転位密度を低減できる。

　AlN 堆積前に，サファイアを高温でアンモニアに曝す窒化処理を行う場合がある。窒化処理を行うことにより，サファイアの表面数原子層に品質の高い単結晶 AlN が成長する。これがその上の層の結晶配列を強く束縛する役割を果たして，昇温による熱処理後は AlN 低温堆積層もサファイアとの界面近傍からすぐに c 軸の方向が極めてよく揃った構造となる。このような高品質な AlN 層は格子不整合を緩和する緩衝層としての役割を十分に果たすことが出来ず，サファイアと AlN，あるいは AlN と GaN の格子不整合を緩和する部分がなくなる。結果的に，その上の GaN において，より大きな結晶欠陥を発生させることとなり，その結晶品質は窒化処理をしない場合と比較して劣る。これは，サファイア上に高温で AlN をエピタキシャル成長し，その上に GaN を成長させた場合でも同様である。窒化処理については，ウルツ鉱構造における c 軸の極性が関係しているとの指摘もある。極性については，図 1.2 の横から見た図を参考にしていただきたい。Ga の直上に N がある方向を $+\mathrm{c}$，N の直上に Ga がある方向を $-\mathrm{c}$ と呼び，それぞれ (0001) 面，(000$\bar{1}$) 面と書いて区別している。

　GaN 緩衝層の場合は，表面泳動性，あるいは昇華性・再吸着性が AlN と比較して大きいため，堆積からエピタキシー温度まで昇温する過程で表面に大きな凹凸ができる。微細構造は，AlN 緩衝層上の成長極初期の GaN と似ており，高密度の転位や積層欠陥と思われる欠陥を含んでいる微小柱状構造である。熱処理された GaN 緩衝層の平坦性が悪いために，結晶粒の合体による平坦化には大体 $0.1\,\mu\mathrm{m}$ 程度あるいはそれ以上必要である。平坦化に必要な膜厚は，表面窒化処理の有無により異なり，窒化処理を行うと平坦化に必要な膜厚は薄くなることが報告されている。その後，AlN 緩衝層の場合と同様に，条件により直径 $100\,\mathrm{nm}\sim1\,\mu\mathrm{m}$ 程度の単一領域が形成される。最終的に得られる

GaN の特性は，AlN 緩衝層の場合と同程度である．

デバイス応用に関しては，前述のようにこの結晶をベースにして，高輝度青色および緑色 LED が実用化し，また紫色 LD も実現した．遮断周波数 100 GHz を越す変調ドープ電界効果トランジスタも試作され，光デバイスのみならず電子デバイスについても，十分実用化に耐えうる結晶であることが実証されている．

1.1.3 単結晶 GaN 上の低温堆積層

低温堆積緩衝層を用いて MOVPE 法により成長した GaN は，従来の GaN と比較して格段に結晶品質が優れているが，それでも貫通転位や空孔パイプなどの結晶欠陥密度が 10^8〜10^{11}cm^{-2} 程度と，他のⅢ-Ⅴ族化合物半導体と比較して極めて高密度に存在し，電極を構成する原子の異常拡散，非輻射再結合準位の増大などの問題を生じるといわれている．

さて，低温堆積層はサファイアと GaN の界面を制御し，各種高機能デバイスを実現したが，単結晶 GaN 上に用いると，どのようなことが起きるであろうか．低温堆積層をサファイアと GaN の界面のみならず，GaN 中に挿入することにより，貫通転位密度が低減できることが分かってきた．図 1.7 に，その構造の概略，および低温堆積層の挿入回数と最表面の GaN の貫通転位密度を示す．6 回の繰り返しで，10^9cm^{-2} 台から 10^7cm^{-2} 台まで貫通転位密度は減少した．サファイア上と区別するために低温堆積中間層と示す．

透過電子顕微鏡観察によれば，堆積直後は，サファイア上と同様に微結晶粒界構造を形成している．ところが，昇温による熱処理後はサファイア上と大分形態が異なる．AlN も GaN も積層欠陥は含むものの，いずれも単結晶化し，平坦性は下地の GaN とほぼ同等となる．詳しい観察によれば，下地の GaN 層からの貫通転位のうち，いくつかは低温中間層中で伝播方向が水平方向に変わり，上の GaN 層に貫通しない．昇温熱処理の過程で何らかの理由で貫通転位が屈曲するものと考えられている．

貫通転位密度の低減に寄与するのは，図 1.7 に示すように GaN でも AlN でもあまり差はない．しかし，巨視的な特性，特に成長中の応力に関しては大きく異なる．GaN 低温堆積中間層（以下 GaN 中間層と略記）の場合には，

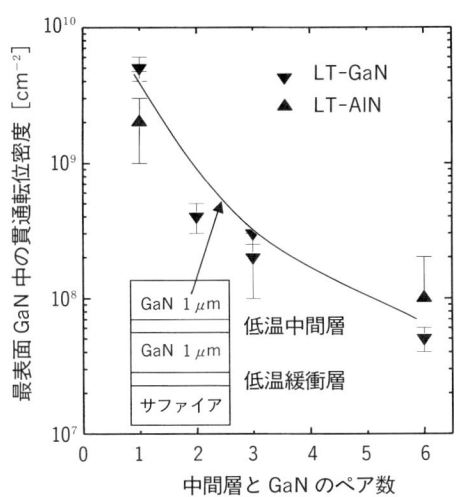

図 1.7 1 μm の膜厚の GaN と中間層のペア数と，最表面の GaN の貫通転位密度の関係
GaN 中間層と AlN 中間層はいずれも転位フィルタとして働くことを示している。転位密度は，平面 TEM を用いて観測した結果である。

成長中に加わる一定の二軸性引っ張り応力が，回数を重ねるごとに段階的に大きくなり，GaN 中の歪みエネルギーが成長温度での弾性限界を超えると，成長中にクラックが発生してしまう。一方，AlN 低温堆積中間層（以下 AlN 中間層と略記）の場合には，何回繰り返してもクラックは発生しない。図 1.8 に，GaN 中間層を用いた場合の成長中にモニターした引っ張り応力と膜厚の積を示す。引っ張り応力・膜厚積は以下の式をもとに，成長中のウェハのそりをその場観察することにより算出された。

$$\sigma_{xx} \times h_f = \frac{M_s h_s^2}{6}\chi \tag{1.1}$$

ここで，σ_{xx}：二軸性引っ張り応力（圧縮応力の場合，符号は負），h_f：フィルム膜厚，M_s：サファイア基板の二軸性ヤング率，h_s：サファイア基板の厚さ，χ：ウェハのそりの半径の逆数（曲率）である。

1 段目，2 段目の GaN 成長中，すなわち図 1.8 中 "A" および "B" で示す部分では，共に引っ張り応力・膜厚積が線形に増加している。成長速度は反射率測定からその場観察可能であり，この実験の場合，成長速度は常に一定で

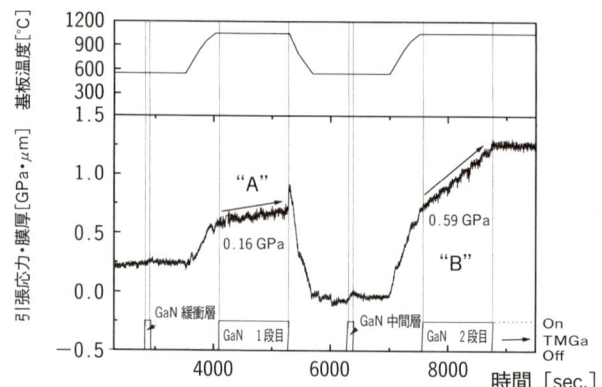

図1.8 1μmのGaNとGaN中間層2ペアの成長時の引っ張り応力・膜厚積，基板温度およびGaの原料であるTMGaの供給タイミングを示した図。1段目のGaNの成長が"A"の部分，2段目のGaNの成長が"B"と示した部分である。図には示していないが，成長速度も同時にモニターしており，成長中常に一定であることを確かめている。図中の数字0.16GPaおよび0.59GPaは，1段目および2段目のGaNの成長中に加わっている二軸性引っ張り応力の値。

あった。したがって，引っ張り応力・膜厚積が線形に増加するということは，成長中，常に一定の二軸性引っ張り応力，この場合，1段目のGaNでは0.16GPa，2段目では0.59GPa，の応力が加わっていることを示している。1段目と比べると，2段目の方が大きな応力が加わっている。段数を重ねると，図1.9の逆三角で示すように，さらに大きな応力が加わることが確かめられている。

一方，AlN中間層を用いた場合には，段数を重ねても常に応力は一定である。図1.9(b)および(c)には，9回の繰り返しにおいて，GaN緩衝層・GaN中間層とAlN緩衝層・AlN中間層を用いた場合のそれぞれのGaNの表面写真を示している。GaN緩衝層・GaN中間層の場合にはクラックが明瞭に観測されるが，AlN緩衝層・AlN中間層の場合にはクラックはない。その理由は，成長中の応力が関係している。成長中，応力がどのようになっているのか，図を使って説明しよう。成長温度と平面内格子定数の関係の概略を図1.10に示している。弾性変形の範囲内では，格子定数と歪み，および応力は1対1に対応している。最初サファイア上には，基板の束縛を受けずに堆積したと仮定する（図1.10中"1"）。GaN緩衝層の場合，堆積温度からGaNの

1.1 低温堆積層を用いたサファイア基板上への GaN のエピタキシャル成長

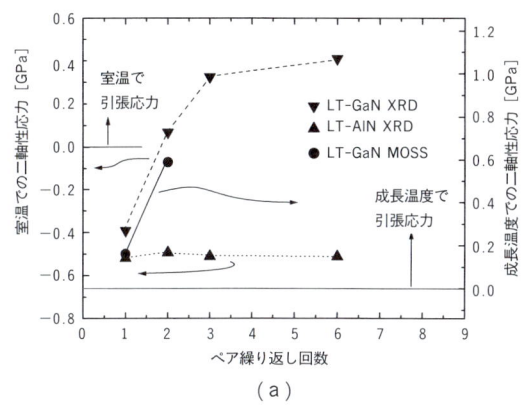

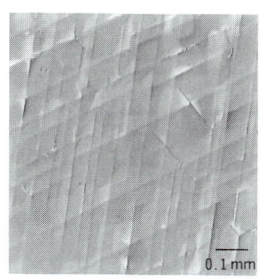

9 LT-GaN/HT-GaN

(b)

9 LT-AlN/HT-GaN

(c)

図1.9 (a)1 μm の GaN と緩衝層/中間層のペア数と成長温度あるいは室温で GaN に加わっている二軸性応力の関係。成長温度における二軸性応力の測定は多重ビーム応力観察システム (MOSS), 室温での二軸性応力の測定は X 線回折 (XRD) により行った。成長温度において二軸性応力を算出するには, 成長温度におけるサファイア基板の二軸性ヤング率が必要であるが, ここでは室温の値を用いた。したがって, 室温の XRD 測定と成長温度での MOSS 測定に微妙なずれが生じていると考えられる。LT- とは低温で堆積した緩衝層および中間層を用いたという意味である。10 μm 以下と比較的薄い膜厚の場合は, 熱応力の値は一定 (0.67 ± 0.05 GPa) であることが確かめられているので, この図のように成長中の応力と室温での応力を同じ図に表すことができる。右の図は, 9回繰り返した場合の GaN 中間層の場合(b)と AlN 中間層の場合(c)のそれぞれの GaN 表面の写真。GaN 中間層の場合は, 高密度のクラックが発生していることが分かる。

成長温度に昇温する過程で, サファイアと GaN との熱膨張係数の差から, または昇温による体積収縮により, GaN 緩衝層には引っ張り応力が加わる(図1.10中 "2")。GaN は, 昇温による熱処理で, 引っ張り応力が加わった GaN 緩衝層を強い拘束力を持った基板として成長する。すなわち, 成長中, 低温堆積層と同じ引っ張り応力が加わりながら成長する。次に降温して GaN 中間層

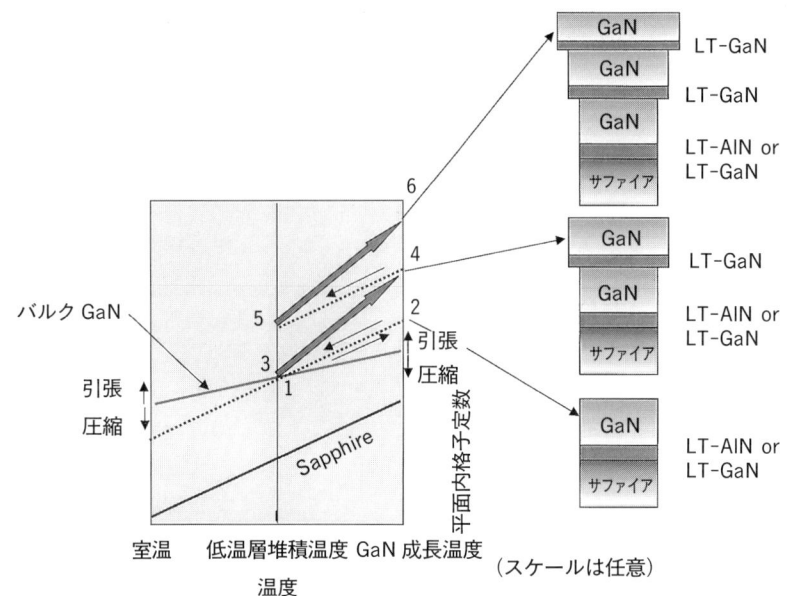

図 1.10 基板温度と面内の格子定数の関係を説明するための概略図
サファイアの方が GaN より熱膨張係数が大きいので，傾きが急である。GaN 中間層の場合は，"1"→"2"→"3"→"4"→"5"→"6" と進行して，成長中の引張応力は，段数を重ねるたびに大きくなる。一方，AlN 中間層の場合は，"1"→"2"→"3"→"2"→"3"→となって，段数を重ねても段ごとの格子定数・歪みは同じである。

を低温で堆積する（図 1.10 中 "3"）。その後 GaN の成長温度に昇温する過程で，最表面の低温堆積層が下地の GaN に完全に同一化していれば，"2" の状態になるはずである。ところが実際には，"3" から "4" に移行して，より大きな引っ張り応力が加わった状態の基板となる。2 段目の GaN は，より大きな引っ張り応力が加わった低温堆積 GaN 中間層の歪みをそのままコピーするように成長する。すなわち，1 段目の GaN と 2 段目の GaN は格子定数・歪みが異なっている。透過電子顕微鏡を用いて観察すると，低温中間層には面内の積層欠陥が高密度に発生していることが分かっている。その積層欠陥が，段ごとの歪みのずれを生じさせていると推測されている。次の段階では，もはや "3" には戻らず，"5"→"6" へと移行する。実際，成長温度でも室温でも，段数が重なるごとに GaN の c 軸方向の格子定数は短くなり，かつ面内の格子

定数は長くなっており，段ごとに異なった格子定数・歪みとなっていることがX線回折による逆格子空間でのマッピング測定などからも確かめられている。図1.9の逆三角のグラフは，その結果である。

　一方，AlNを低温堆積層として用いる場合は，"1"→"2"→"3"→"2"→"3"を繰り返し，段数が増えても，違う段どうしのGaNの格子定数・歪み状態は同じである。熱膨張係数差あるいは昇温による収縮による引っ張り応力はGaN低温堆積層の場合とほぼ同様と考えられる。しかしながら，AlN低温堆積層の場合，格子定数がGaNより小さいことから，GaNの成長初期に引っ張り応力を相殺する圧縮応力が加わる。これが，GaN中間層の場合，段数が増すとクラックが発生し，AlN中間層の場合は段数を増してもクラックが発生しない理由である。

　この低温堆積中間層技術は，GaNのみならずAlNも含むAlGaNの成長において，特に大きな効果があることが確認されている。さらに短波長領域の紫外領域あるいは真空紫外領域デバイスの開拓にとって，結晶成長の基礎技術の一つになると期待されている。

文　献

1) H. Amano, M. Kito, K. Hiramatsu and I. Akasaki : *Jpn. J. Appl. Phys.*, **28**, L2112 (1989).
2) H. P. Maruska and J. J. Tietjen : *Appl. Phys. Lett.*, **15**, 327 (1969).
3) H. M. Manasevit, F. M. Erdmann, W. I. Simpson : *J. Electrochem. Soc.* **118**, 1864 (1971).
4) H. Amano, N. Sawaki, I. Akasaki I. and Y. Toyoda : *Appl. Phys. Lett.*, **48**, 353 (1986).
5) H. Amano and I. Akasaki : *Mat. Res. Soc. Ext. Abst.* **EA-21**, 165 (1991).
6) Y. Ujiie and T. Nishinaga : *Jpn. J. Appl. Phys.*, **28**, L337 (1989).
7) A. Usui, H. Sunakawa, A. Sakai and A. Yamaguchi : *Jpn. J. Appl. Phys.* **36**, L899 (1997), T. Gehrke, K. J. Linthicum, D. B. Thomson, P. Rajagopal, A. D. Batchelor and R. F. Davis : *MRS Internet J. Nitride Semicond. Res.*, 4S1, G3.2 (1999).

1.2　エピタキシャル横方向成長

　SiやⅢ-V族化合物半導体エピタキシャル成長において，結晶基板上に施したSiO$_2$などのマスク上に，その端のマスク開口部から数～数10μmにわたる横方向成長が生じることが古くから知られており，ELO（Epitaxial Lateral Overgrowth），あるいはLEO（Lateral Epitaxial Overgrowth）と呼ばれてきた。この成長に伴って，下地結晶からの貫通する転位（貫通転位）密度を大幅に低減できることも見出され，マイクロチャンネルエピタキシー（MCE：Micro-Channel Epitaxy）という概念が提唱された[1]。近年，このELOを基本にした技術がGaN系エピタキシャル成長に適用され転位削減に効果を上げている。GaNはバンドギャップが広く，紫外～緑色発光ダイオード，あるいはレーザダイオード用材料，さらには高出力・高周波領域での電子デバイス応用として注目されている。しかしながら，基板として大型のバルクGaN結晶を得ることが困難なために，GaNと格子定数や，化学的性質が大きく異なるサファイア，SiCなどの結晶基板が用いられる。このためにGaN結晶中には多くの欠陥が導入され，例えばサファイア基板上に成長したGaNエピタキシャル成長層では，10^9～10^{10}cm^{-2}以上の高密度転位が観察される。この転位密度削減のためにELO技術が用いられ，デバイスの性能向上に貢献することが実証されたのである。

　ここでは，ELOの例としてGaN結晶を取り上げ，その成長様式と，実際にどのような転位削減効果が働いているかについて述べる。

1.2.1　エピタキシャル横方向成長の種類

　図1.11にGaNのELOとして典型的な2種類の成長様式を示す。いずれも結晶表面をSiO$_2$などのマスク材と呼ばれる薄膜で覆い，リソグラフィー技術を用いてマスク材の一部に開口部(窓)を開ける。（a）は，MCE様式の成長で，開口部から大きな横方向成長によってマスク上に成長領域が拡大している。（b）はファセット形成型ELO（FIELO：Facet-Initiated Epitaxial Lateral Overgrowth）成長様式で，開口部上の側壁に，面指数の小さな結晶面からなるファセット構造が現れ，これが横方向成長によってマスク上に広がるこ

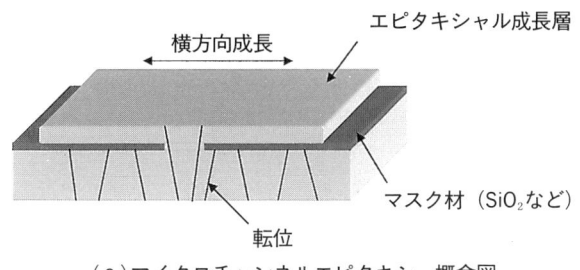

1.2 エピタキシャル横方向成長　　　　　　　　　　　　　　　　　　21

(a) マイクロチャンネルエピタキシー概念図

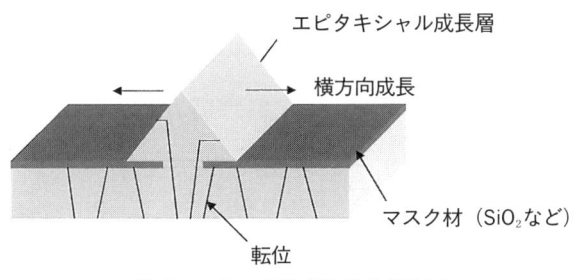

(b) ファセット形成型 ELO 概念図

図 1.11　2 種類のエピタキシャル横方向成長

(a) マイクロチャンネルエピタキシー概念図で，下地結晶上に SiO_2 などでマスクを施し，一部に開口部を形成して横方向成長を行う。(b) ファセット形成型 ELO の概念図で，マスクを施し開口部を形成するのは (a) と同様であるが，開口にファセット面を有する構造が形成されることが特徴である。この結果，後述するように貫通転位の曲がりが生じる。

とが特徴である。

　図 1.11 には同時に，下地結晶に存在する貫通転位の動きを模式的に示したが，MCE では，下地結晶中に存在していた転位がマスクの開口部上のみに伝達され，マスクで覆われた部分では転位の伝播が遮られる。一方，FIELO では，この転位の削減に加えて，ファセット面あるいはファセット構造の中での転位の曲がりが欠陥削減に大きな役割を果たすことが分かっている。次節以降で成長様式と転位の挙動について具体的に説明する。

　成長を続けることで，横方向成長したブロックどうしが合体し，図 1.12 のように平坦なエピタキシャル層を成長させることが可能である。このような平坦な表面構造はデバイスを作製するためには大変都合がよく，実際，このよう

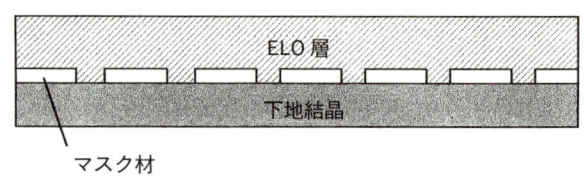

図 1.12　ELO による成長層平坦化を表す模式図

図 1.11 に示した横方向成長が進み，隣から発達してきたブロックと合体して平坦なエピタキシャル層を得ることができる。下地結晶と比較して大幅に転位密度が少なくなった高品質層が得られる。

な連続膜となった GaN 成長層上に InGaN レーザ構造が作製されている。

1.2.2　GaN におけるエピタキシャル横方向成長

ここでは，サファイア結晶基板上の GaN について，図 1.11 に示した 2 種類のエピタキシャル横方向成長を具体的に示す。

[1] GaN のマイクロチャンネルエピタキシー（MCE）

図 1.13(a) は MCE の例である。ここでは，サファイア（0001）面上にあらかじめ 1～2 μm 程度の薄膜 GaN を成長させ，その表面上に SiN_x をマスク

COLUMN　　　　　　　　　　　　　　　　　　　　　　　　　　　　MOVPE

Metalorganic Vapor Phase Epitaxy の略で，有機金属気相成長法とも呼ばれる。気相から化合物半導体を基板結晶上にエピタキシャル成長させる代表的な手法。GaN の結晶を成長させるためには，Ga の原料として有機金属である TMGa (trimethylgallium：$(CH_3)_3Ga$)，N の原料として NH_3 を用いる。これらを加熱されたサファイア（Al_2O_3）などの基板結晶上にキャリアガス（H_2 や N_2）とともに供給する。温度の高い基板近傍で，原料ガスの分解・反応が生じて基板結晶上に GaN が析出する。GaN では，サファイアなどの結晶基板上に，最初 450～500℃程度の比較的低い温度で GaN の「低温バッファ層」と呼ばれる微結晶を含むアモルファス状の薄い層を成長し，その後 1000℃程度に昇温して良質の GaN 結晶を成長する「2 段階成長手法」が用いられている。この手法の開発によって飛躍的に GaN の結晶性が向上した。本節で紹介した「エピタキシャル横方向成長」は，さらにこの結晶性を高めようとするものである。

として施し，リソグラフィー技術によりSiN$_x$の一部をストライプ状にエッチングしてパターンを形成している[2]。ストライプの方向はGaNの〈1$\bar{1}$00〉で，開口部幅，マスク幅はそれぞれ，2μm，5μmである。この結晶基板上に，MOVPE (metalorganic vapor phase epitaxy) 法によりGaNを1時間ほど成長させた。図1.13(a)はその試料の表面および断面の走査電子顕微鏡(SEM)写真である。

結晶は平坦な(0001)面と，その面に対して垂直な{11$\bar{2}$0}側壁面から構成されており，結晶は横方向に大きく張り出している。このときの横方向成長速度(L)とc軸方向の成長速度(V)の比(L/V比)は約2倍程度である。横方向成長はマスクのストライプ方向で大きく異なり，図1.13(b)のように〈11$\bar{2}$0〉方向にストライプパターンを設けた場合には，側壁面として{1$\bar{1}$01}面が形成され，L/V比としても0.05と極めて小さくなる。これは，この面の表面エネルギーが小さく二次元核発生が著しく抑制され，成長速度が極めて小さくなるためである。これに対して，〈1$\bar{1}$00〉方向にマスクを形成した場合，側面は比較的ラフな面となり，ステップやキンクサイトが高密度に存在して成長速度は大きくなる。

このMCE法によるGaN成長層の転位の動きを図1.14に示した。これはマスク近傍の断面透過電子顕微鏡(TEM：Transmission Electron Microscope)像で，下地層の転位の伝達に関して，図1.11(a)に示したマスクによ

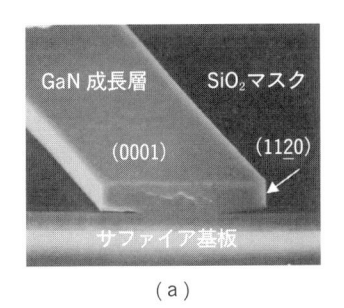

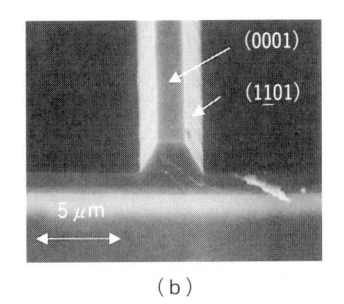

図1.13
MOVPEを用いたGaNのエピタキシャル横方向成長によって現れた表面構造のSEM像。(a)GaNの〈1$\bar{1}$00〉方向に開口部ストライプを形成，(b)GaNの〈11$\bar{2}$0〉方向に開口部ストライプを形成したもの。

る遮断効果が明瞭に観察される。すなわち，開口部では下地結晶からの転位を引き継いで10^{10}cm^{-2}台の転位密度となっているが，マスク上では，転位によるコントラストが見られず，非常に転位密度が低くなっていることが分かる。しかし，横方向成長してきた結晶どうしが会合するマスク中央付近においては，合体に伴なってボイド（空隙）や，転位の発生が観察される場合がある。

MCE において転位削減効果をさらに高めるためには，基本的に"fill factor" $\theta (= w/(w+m)$ w：開口部幅，m：マスク幅）を小さくすれば，これに比例して貫通転位の割合が減少するはずである。図 1.14 の例では，マスク幅は約 1 μm，開口部は約 2 μm であり，θ は 0.33 である。θ を小さくするためには，マスク面積を大きくするか，あるいは開口部面積を小さくすれば良いが，マスク上に吸着した成長に関与する分子種の拡散長以上にマスク幅が広くなると，二次元成長核が発生しやすくなり，そこから新たな転位が発生する場合があり，マスク幅として数〜数 10 μm が適当であろうと考えられる。一方，結晶情報を伝えるには，開口部幅として数格子分もあれば可能であり，精密リソグラフィー技術を駆使すれば，より大きな θ を実現して転位削減効果をさらに高めることもできよう。また，一旦マスクの開口部を通過した転位をさら

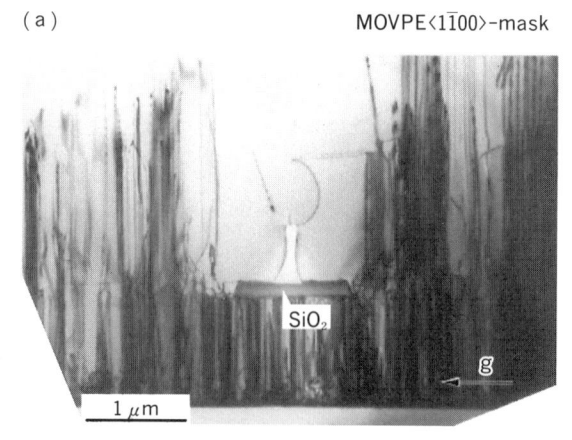

図 1.14
マイクロチャンネルエピタキシー法で作製したマスク近傍の GaN 層の断面 TEM 写真。マスク上では非常に転位密度が少ない。マスク中心部の会合部にはボイド，および転位が観察される。

に削減するために,その上部に 2 段目のマスクを形成し,もう一度横方向成長を施すことによって,実効的な θ を小さくして転位密度を削減することも提案されている。

2 ファセット形成型 ELO（FIELO）

GaN の $\langle 11\bar{2}0 \rangle$ 方向にマスクのストライプを設けることで側壁面として $\{1\bar{1}01\}$ から構成されるファセット構造が形成されることを前節で述べた。このファセット形成を積極的に利用して,ELO を行う手法がファセット形成型 ELO（FIELO）である。ファセット構造は成長速度の速い結晶面が消失して成長速度の小さな面が残ることで形成される。図 1.13(b)では上面に（0001）面がまだ残っているが,成長時間とともにこの面積は小さくなり,最終的には消失して三角形構造が形成される。

図 1.15 には,この三角形構造が形成された後,表面が平坦化していくプロセスを時間を追って示した[3]。この実験では成長手法として HVPE 法を用いている。(a)は成長開始後 2.5 分後の表面 SEM 写真で,開口部には,前述した $\{1\bar{1}01\}$ 面からなる三角形ファセット構造が現れる。なお,側壁に観察され

COLUMN ＝＝＝＝＝＝＝＝＝＝＝＝＝＝＝＝＝＝＝＝＝＝＝＝＝＝＝＝＝＝＝ **HVPE**

HVPE（Hydride Vapor Phase Epitaxy あるいは Halide Vapor Phase Epitaxy）の略語として用いられる。MOVPE と同じく III-V 族化合物半導体の気相エピタキシャル成長手法の一つ。原料に V 族元素の水素化物（hydride）を用いることから前者の呼び名が,また III 族の原料として GaCl などのハロゲン化物を用いることから後者の呼び名がついている。GaN の成長には,Ga 原料として GaCl, N 原料として NH_3 を用いる。MOVPE と異なり,反応管全体を加熱するホットウォール型反応装置が用いられる。GaN の初期の研究ではこの手法により結晶が成長されていたが,成長速度,基板結晶/成長層界面制御の観点から MOVPE 法が気相成長手法の主流となった。しかしながら HVPE 法では,ホットウォール反応管のために NH_3 を効率よく活性化できること,Ga 原料の GaCl を多量に供給することが容易なことなどから $100\,\mu m/h$ 以上と非常に高い成長速度が得られる。そこで,この手法は GaN 基板を作る手法として,最近再び多くの関心を集めている。ここで紹介した FIELO もこの手法で作製されており,厚さが $100\,\mu m$ を超える高品質 GaN の成長が実現された。

る段差はストライプの〈11$\bar{2}$0〉方向から僅かな傾きを反映して形成されたマクロステップである。成長を続けると横方向への成長が進行し、5分後には(b)のように、ほぼSiO_2の表面全体を覆う。さらに成長を続けることで、ファセットどうしが合体し始め、同時に側壁の傾斜角度は次第に小さくなって、最後には(0001)面が発達して(d)のように連続膜となる。ファセット構造どうしが隣接し始めると、その接触部分にステップ構造が形成され、成長が容易となって側面結晶の情報を受け継いだ結晶が発達し、ファセットの谷間を埋めるように成長が進行する。

このようにして成長した140 μm厚のGaN層の転位密度を平面TEM観察で調べると、約$6 \times 10^7 cm^{-2}$という値が得られ、サファイア基板にMOVPE法で成長した1〜2 μm厚のGaN層の転位密度と比較して約2桁ほど転位密度が減少していることが分かった。

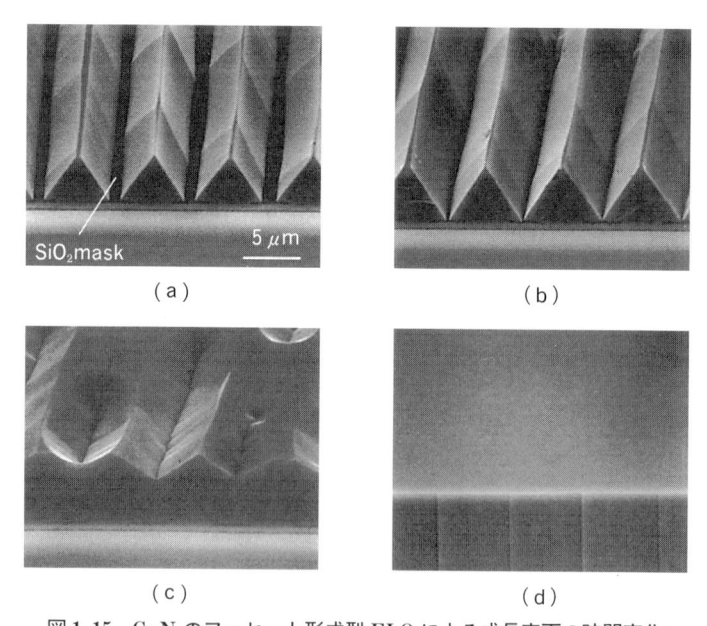

図1.15 GaNのファセット形成型ELOによる成長表面の時間変化
〈11$\bar{2}$0〉方向にストライプ状の開口部を形成してHVPE法により成長を行った。(a)2.5分後、(b)5分後、(c)10分後、(d)30分後の表面SEM写真である。ファセットが形成され、横方向成長が進行し、会合部が埋められて平坦化する様子が示されている。

1.2.3 GaN エピタキシャル横方向成長における転位の動き

GaN の MCE では，図 1.11 のように下地層の転位の上方への伝達はマスクによって遮断される効果によって削減機構を説明することができた．しかしながら，成長中に現れるファセットを特徴とする FIELO では，図 1.11（b）に示したように，転位の曲がりという別の欠陥低減機構が働いていることが判明した[4]．

1 GaN 六方晶構造における転位構造

転位削減効果の説明に先立ち，図 1.16 に示した六方晶 GaN 結晶の単位格子に着目して GaN-ELO 層中の転位構造を理解しよう．サファイア基板上の GaN 膜は，そのc軸に沿って成長するので，貫通転位もc軸に沿って存在している．転位には，その滑り方向（バーガースベクトル：$\mathbf{b}$）と滑り面が存在する[*1]．一般に，六方晶構造を持つ結晶中には，〈11$\bar{2}$0〉方向，〈0001〉方向，も

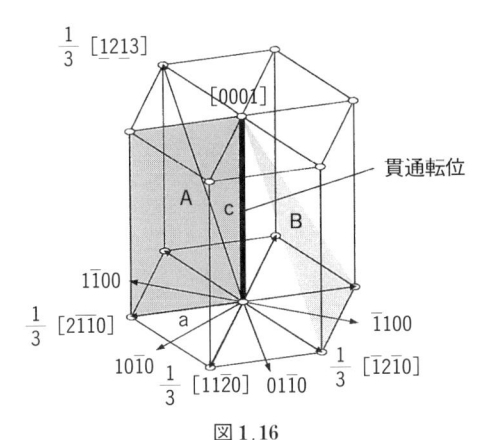

図 1.16

GaN の六方晶単位格子と転位のバーガースベクトルと滑り面の関係を表した図．〈11$\bar{2}$0〉方向，〈0001〉方向，もしくは〈11$\bar{2}$3〉方向に沿う b を持つ転位が存在し，c軸に沿って走る貫通転位でこれらの b を持つ転位をそれぞれ，刃状，らせん，混合転位と呼ぶ．滑り面としては，例えば，$\mathbf{b} = \pm[\bar{1}2\bar{1}3]/3$ の転位では A で，$\mathbf{b} = \pm[2\bar{1}\bar{1}3]/3$ の転位では B で描かれた面となる．

[*1] 転位は，結晶内の原子配列が局所的に線状に変位した箇所である．バーガースベクトルとはその変位を表すベクトルであると考えてもよい．したがって，滑り面はその変位ベクトルが存在しうる結晶格子面となる．

しくは〈11$\bar{2}$3〉方向に沿う **b** を持つ転位が存在するので，c 軸に沿って走る貫通転位は，それぞれ，刃状，らせん，もしくは混合転位と呼ぶことができる。また，転位の代表的な滑り面は，例えば，**b** = ±[2$\bar{1}$$\bar{1}$3]/3 の転位では図 1.18 中 A で，**b** = ±[$\bar{1}$2$\bar{1}$3]/3 の転位では B で描かれた面となる。サファイア基板上の GaN 層においては，一般的に，c 面に平行な〈11$\bar{2}$0〉方向の **b** を持つ貫通転位（すなわち刃状転位）の存在比率が最も大きく（全体の 70 %以上），残りのほとんどは，**b** が〈11$\bar{2}$3〉方向のベクトルの混合転位であり，らせん転位は少ないことに特徴がある[5]。

|2| 開口部上の転位構造

図 1.17 は FIELO で成長させた GaN の転位構造を表す TEM 像である。ここでは，まず，サファイア（0001）面上に MOVPE で約 1 μm のエピタキシャル GaN 層を成長させ，次にその表面に〈11$\bar{2}$0〉方向のストライプ状マスクを形成した後，HVPE で GaN 層を約 140 μm 成長した。TEM 像には，マスクのストライプ方向と平行な断面〈11$\bar{2}$0〉方向から見たマスク近傍領域が観察され，転位は暗い線状のコントラストとして表れている。サファイア直上の MOVPE-GaN 層には縦方向，すなわち GaN の c 軸に沿って走る多数の貫通転位が存在し，その密度は $10^9 cm^{-2}$ 台と見積られる。マスク開口部上ではほと

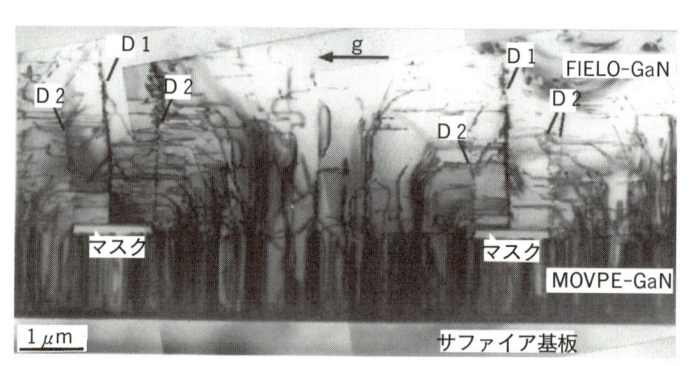

図 1.17 FIELO で成長した GaN 層のマスク近傍界面の断面 TEM 像

マスクのストライプ方向と平行な断面〈11$\bar{2}$0〉方向から見た像で，転位は暗い線状のコントラストとして表れている。サファイア直上の MOVPE-GaN 層には多数の貫通転位が存在し，その密度は $10^9 cm^{-2}$ 台である。マスク開口部上では殆どの貫通転位が FIELO-GaN 層へと引き継がれているが，それらの転位が曲がっているのが観察できる。D 1 および D 2 は欠陥の列で，次頁の"マスク上の欠陥構造"および図 1.19 において説明する。

んどの貫通転位が FIELO-GaN 層へと引き継がれているが，それらの転位はどれも曲がっていることが最大の特徴である．この形態を見れば，転位の伝播方向が膜中で縦から横へ変化したために，膜表面への貫通が抑制されたものと直感的に理解できる．

　以上のように，転位の曲がりは GaN の FIELO における転位低減機構の鍵となるプロセスである．サファイア基板上の GaN 層中には主として，刃状転位と混合転位の 2 種類が存在していることを先に述べたが，両者において，転位の曲がり方が如何に異なるかを次に述べよう．そもそも転位を特徴づける，転位線の走る方向と b の方向の相対的関係は，同一の転位に対して様々な回折格子面を用いて TEM 観察し，得られた転位像のコントラスト分析によって求めることができる．図 1.18 はこうしたコントラスト分析によって明らかにされた，転位の特徴に依存する曲がりの形態を表す模式図および FIELO 途中の GaN 表面のファセットを表す SEM 像である．これより，転位の曲がりはファセットの形成や成長と相関があることが分かる．つまり，基板より引き継ぎ，縦（膜表面）方向に伝播した刃状転位は，断面が三角形状のファセットが完成する前の成長段階で比較的ランダムに横方向に伝播し，直角に曲がった形態となる．これに対して混合転位はファセットに終端するまでは GaN 中を縦方向に伝播し，ファセットの横方向成長を起点として横方向に伝播し曲がった形態になる．以下では便宜上，こうして曲がった刃状転位をタイプ A 転位，混合転位をタイプ B 転位と呼ぶことにする．転位が曲がる詳細なメカニズムはここでは詳しく述べないが，興味のある読者は参考文献 6 を参照されたい．

3 マスク上の欠陥構造

　図 1.17 には，曲がった転位以外にマスク上領域の D1 および D2 で示した，それぞれ，会合部およびマスク端部から c 軸方向に伸びた欠陥が観察される．これらを原子レベルで観察すると，非常に興味深い構造を持っていることが分かる．図 1.19（a）は D1，D2 欠陥に対する高分解能 TEM 観察によって明らかにされた欠陥構造の模式図である．つまり，両欠陥ともマスクストライプ方向に平行に走り c 軸方向に沿ってパイルアップした多数の転位から構成されている（断面 TEM ではそうした転位の輪切りを見ていることになる）．ここでは輪切りにされた転位は ⊤ で表されており，その縦棒は転位の extra-half

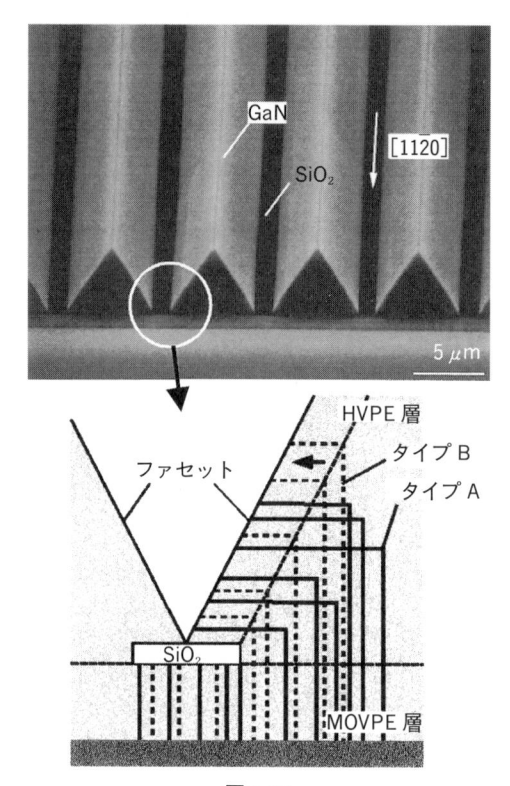

図 1.18

成長途中のファセット構造の SEM 像と GaN 中のタイプ A 転位とタイプ B 転位の曲がりの形態を表した模式図。転位の曲がりはファセットの形成や成長と相関があり、基板より引き継ぎ、膜表面に向かって伝播した刃状転位（タイプ A）は、断面が三角形状のファセットが完成する前の成長段階で比較的ランダムに横方向に伝播し、直角に曲がった形態となる。これに対して混合転位（タイプ B）はファセットに終端するまでは GaN 中を縦方向に伝播し、ファセットの横方向成長を起点として横方向に伝播し曲がった形態となる。

面[*2]を意味している。D1欠陥部における⊥のc軸方向への連なりは、その数だけ転位線の下側に extra-half 面が存在していることに対応するので、結晶はあたかもマスク側から楔を打ち込まれたようになっている。逆にD2欠陥部

---

*2 完全結晶の格子面の間に、もう1枚余分な格子面を結晶の片半分にだけ挿入した場合を想像して欲しい。このとき結晶中の余分な格子面の端に転位が存在することになり、そうした面をextra-half 面と呼ぶ。

1.2 エピタキシャル横方向成長

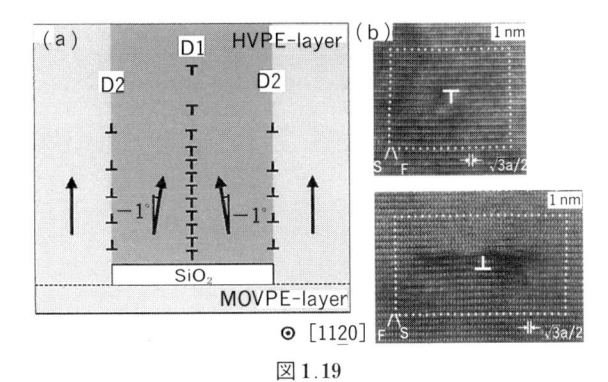

図1.19

(a) マスク上領域の小傾角粒界構造を表した模式図で，(b)，(c) はそれぞれD1，D2欠陥を構成する転位の芯の原子的構造を表す高分解能TEM像である．これより**b**の絶対値を決定することができる．像中に，転位を囲むようにしてバーガースサーキット[*3]を描くと，$\sqrt{3}|\mathbf{a}|/2$（**a**はGaN六方晶格子の**a**軸ベクトル）の絶対値を持ったベクトルが得られる．

では，表面側からの楔と例えられるので，結果的に，両欠陥で分割されるマスク上の2つの結晶領域のc軸が，開口部上領域のそれに比べてマスク中央に向かって傾いた構造になっている．このような欠陥構造は一般に小傾角粒界と呼ばれている．

こうした小傾角粒界を構成する転位の起源は，その**b**の解析によって明らかになる．図1.19(b)，(c) はそれぞれD1，D2欠陥を構成する転位の芯の原子的構造を表す高分解能TEM像である．これより**b**の絶対値を決定することができる．像中に，転位を囲むようにしてバーガースサーキット[*3]を描くと，$\sqrt{3}|\mathbf{a}|/2$（**a**はGaN六方晶格子の**a**軸ベクトル）の絶対値を持ったベクトルが得られる．この値は観察方向である$[11\bar{2}0]$方向への投影であることを留意すると，転位の真の**b**は**a**に等しくなる．例えば，図1.18の$[2\bar{1}\bar{1}0]/3$というベクトルが$[11\bar{2}0]$方向に投影されたと考えればよい．このことから，マスク上領域の小傾角粒界を構成する転位の起源は，開口部上で曲がって横方向に伝播してきたタイプA転位と結論づけることができる．

[*3] **b**を直接決定する際，転位芯を取り囲むように描く回路をバーガースサーキットという．図1.19(b)を例にすると，Sを始点に上に15点，右に17点，下に15点，左に17点（点数は任意である）というように上下左右等価に格子点をとると，回路の中心に存在する転位によって始点Sと終点Fがずれる．SとFを結ぶベクトルが，転位の**b**の観察方向への投影を表している．

さて，D1欠陥領域にはもう一組の転位が存在する．図1.20(a)，(b)はD1欠陥をクローズアップし，異なった回折格子面を用いて結像したTEM像である．(a)では上述の小傾角粒界を構成する数多くの転位（矢頭参照）が観察されるが，回折条件を変えると，(b)のように横方向に曲がった後，再度c軸方向に沿って走る転位の存在が確認できる．これらの転位の $\mathbf{b}$ は $\langle 11\bar{2}3 \rangle /3$ タイプであることから，その起源はタイプB転位であるといえる．

4 転位の三次元的構造と分布

以上の結果をまとめて，FIELO-GaN中の欠陥構造を模式的に表すと図1.21のようになる．まず，開口部上には基板中に存在していた刃状転位を引き継ぎ $\langle 11\bar{2}0 \rangle$ 方向の $\mathbf{b}$ を持ったタイプA転位と，混合転位を引き継ぎ $\langle 11\bar{2}3 \rangle$ 方向の $\mathbf{b}$ を持ったタイプB転位が存在する．開口部上で横方向に曲がったタイプA転位は結晶のc面へ交差滑りした後，マスク端部付近でストライプ方向に沿って伝播し，さらに会合部においてそれと逆方向に伝播する．こ

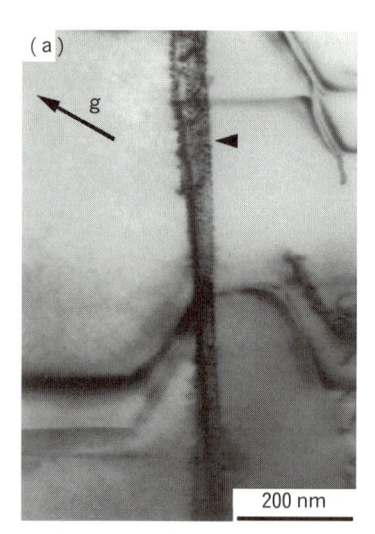

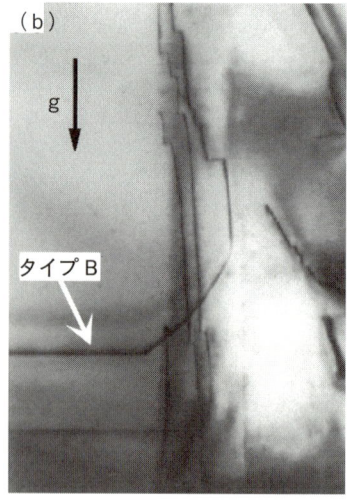

図1.20　D1欠陥部を異なる回折格子面を用いて撮影した断面TEM像
(a)では $(1\bar{1}01)$ 面，(b)では $(000\bar{2})$ 面を使用した．(a)では小傾角粒界を構成する数多くの転位（矢頭）が観察される．(b)では，横方向に曲がった後再度c軸方向に沿って走る転位が観察される．この転位の $\mathbf{b}$ は $\langle 11\bar{2}3 \rangle /3$ タイプであることから，その起源はタイプB転位と考えられる．

うした機構によれば，マスク端部と会合部とでタイプA転位のextra-half面が逆になる。言い換えれば，マスク上領域の小傾角粒界であるD1，D2欠陥は，いずれも開口部から伝播してきた多数のタイプA転位がマスクのストライプ方向に沿ってc面内を伝播し，かつc軸に沿ってパイルアップした結果，形成されたものである。下地GaN結晶中に存在していた全転位の70%以上は刃状転位，すなわちタイプA転位であるので，大多数の転位はこの機構によってマスクに沿って結晶側面へと到達し，結果的に貫通転位が削減される。これに対してタイプB転位は，図1.20(b)にも示したように，開口部から伝播し，会合部で再度縦方向に伝播する。つまり，開口部上に存在していたタイプB転位はマスク上領域に集中するので，そこでの貫通転位密度は開口部上のそれに比べて高くなる。図1.22は膜厚10 μm のFIELO-GaN層表面に形成された，貫通転位に起因するエッチピットとマスク位置の関係を表したSEM像である。エッチピットの数密度がマスク上で高くなっていることに着目されたい。

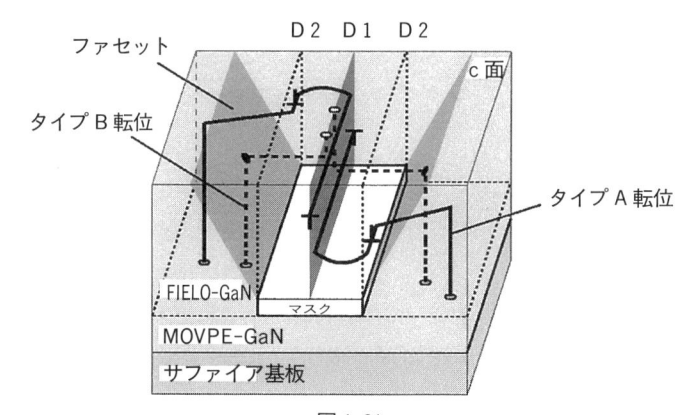

図1.21
FIELOによって成長したGaN層に形成された転位の三次元構造を表す模式図。開口部上には下地結晶の刃状転位を引き継ぎ $\langle 11\bar{2}0 \rangle$ 方向の **b** を持ったタイプA転位と，混合転位を引き継ぎ $\langle 11\bar{2}3 \rangle$ 方向の **b** を持ったタイプB転位が存在する。開口部上で横方向に曲がったタイプA転位は結晶のc面へ交差滑りした後，マスク端部付近でストライプ方向に沿って伝播し，さらに会合部においてそれと逆方向に伝播し，マスク上領域の小傾角粒界であるD1，D2欠陥を形成する。これに対してタイプB転位は，開口部から伝播し会合部で再度縦方向に伝播する。

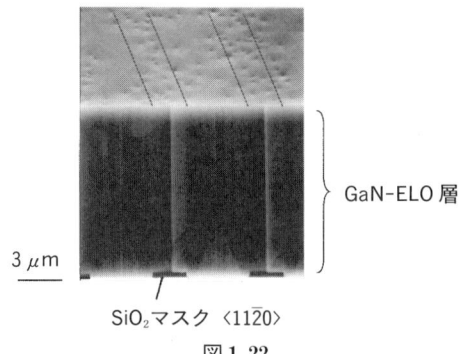

図1.22

FIELOによるGaN層の表面のエッチピットとマスクの位置関係を表すSEM像。開口部上に存在していたタイプB転位はマスク上領域に集中するので、そこでの貫通転位密度は開口部上のそれに比べて高くなる。このSEM像には転位に対応したエッチピット分布とマスク位置、開口部位置関係が明瞭に示されているが、エッチピット密度がマスク上で高くなっている様子がわかる。

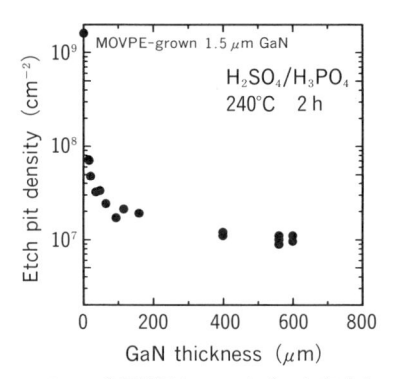

図1.23 GaN成長膜厚とエッチピット密度との関係

MOVPEによって厚さ$1.5\,\mu$mに成長させたGaNでは10^9cm^{-2}台の高い値であるが、FIELO法で約$10\,\mu$mのGaNを成長させると10^8cm^{-2}以下となり、膜厚が$60\,\mu$m程度までは膜厚の増加によって急激に減少する。膜厚が$60\,\mu$m以下の領域では、図1.22のようにエッチピット密度の分布がマスク上に偏っているが、膜厚が$60\,\mu$m以上になると、エッチピットの分布は均一化される。エッチピットは、試料を硫酸（H_2SO_4）とリン酸（H_3PO_4）の混合液（240°C）で2時間処理をして得た。

5 成長膜厚と転位密度の関係

ところで，貫通転位は成長膜厚の増大に伴って分散し，かつ減少する現象が知られている．図 1.23 に GaN 成長膜厚と，貫通転位密度に対応するエッチピット密度（EPD：Etch Pit Density）の関係を示した．MOVPE によって厚さ $1.5\,\mu m$ に成長させた GaN では，EPD として $10^9 cm^{-2}$ 台の高い値を示している．この上に FIELO 法で約 $10\,\mu m$ の GaN を成長させると，EPD は $10^8 cm^{-2}$ 以下となり，膜厚が $60\,\mu m$ 程度までは膜厚の増加によって急激に減少する．膜厚が $60\,\mu m$ 以下の領域では，図 1.22 のようにエッチピット密度の分布がマスク上に偏っているが，膜厚が $60\,\mu m$ 以上になると，エッチピットの分布は，マスク上と開口部上でほとんど差が見られなくなり，均一化される．この現象は，貫通転位の方向が膜厚ともに変化し，その転位の一部が結晶の端に到達したり，あるいは，転位ループの形成や転位の反応によって引き起こされていると考えられる．

1.2.4 エピタキシャル横方向成長の特徴と応用

表 1.1 に GaN のマイクロチャンネルエピタキシー（MCE）とファセット形成型 ELO（FIELO）の特徴についてまとめた．結晶成長プロセスで大きく異なるのはマスクのストライプ方向で，主としてこの方向によって成長初期に形成される構造が決定され，転位の動きも異なってくる．MCE では横方向成長が大きく，マスク上に低転位密度領域が形成される．一方，開口部上部では下地結晶の貫通転位を受け継ぎ，転位密度は高い．FIELO では成長初期のファセット形成により転位が基板面と水平方向に曲がることで，開口部においても下地結晶からの貫通転位の削減を図ることができる．残留転位の種類としては，MCE では，下地結晶の転位の性質をそのまま引き継ぐために刃状転位の割合が多いのに対して，FIELO では転位の曲がりにより刃状転位の割合が少なくなり，逆に混合転位の割合が増加することが特徴である．横方向成長の会合部では，特異な転位・欠陥構造が観察される場合が多く，新たな転位・ボイドの発生や，水平方向に曲げられた転位の再上昇などが観察され，これらの抑制が ELO 全般に残された課題である．

応用面に注目すると，マスク上の低転位領域を利用して InGaN 系青色

表 1.1 GaN エピタキシャル成長における MCE と FIELO の特徴

	マイクロチャンネルエピタキシー (MCE)	ファセット形成型 ELO (FIELO)
マスクストライプ方向 (GaN 面に対する方向)	⟨1$\bar{1}$00⟩	⟨11$\bar{2}$0⟩
横方向成長側面	{11$\bar{2}$0} あるいは {11$\bar{2}$2}	{1$\bar{1}$01}
転位の挙動	・マスクによる伝播ブロック ・開口部からは転位が貫通	・マスクによる伝播ブロック ・開口部でのファセット形成による転位の曲がり
転位の分布	マスク上で転位減少	開口部上で転位減少
主たる残留転位の種類	刃状転位	混合転位
横方向成長会合部	ボイド, 転位の発生	転位の発生, 混合転位の再上昇

MQW レーザレーザ構造が作製され, 従来 300 時間程度であった InGaN MQW レーザの寿命が 10,000 時間以上と大幅に改善され, 転位削減がレーザの信頼性向上に極めて効果的であることが実証された[7]。また, ELO を施し, さらに GaN を数百 μm と厚く成長させ, その基板上へ成長した InGaN MQW レーザも実現している[8]。成長速度の速い HVPE 法を用いた, このような GaN 厚膜成長技術は高品質 GaN 基板提供方法としても期待されている。

文 献

1) T. Nishinaga, T. Nakano and S. Zhang: *Jpn. J. Appl. Phys.* **27**, 964 (1988).
2) A. Kimura, C. Sasaoka, A. Sakai and A. Usui: *Mat. Res. Soc. Symp. Proc.* **482**, 119 (1998).
3) A. Usui, H. Sunakawa, A. Sakai and A. A. Yamaguchi: *Jpn. J. Appl. Phys.* **36**, L899 (1997).
4) A. Sakai, H. Sunakawa and A. Usui: *Appl. Phys. Lett.* **71**, 2259 (1997).
5) 桑野範之, 沖憲典: 応用物理 **66**, 695 (1997).
6) A. Sakai, H. Sunakawa, A. Kimura and A. Usui: *J. Electron Microscopy,* **49**, 323 (2000).
7) S. Nakamura, M. Senoh, S. Nagahama, N. Iwasa, T. Matsushita and T.

Mukai : *MRS Internet J. Nitride Semicond. Res.* **4S1**, G1. 1 (1999).

8) M. Kuramoto, C. Sasaoka, Y. Hisanaga, A. Kimura, A. A. Yamaguchi, H. Sunakawa, N. Kuroda, M. Nido, A. Usui and M. Mizuta : *Jpn. J. Appl. Phys.* **38**, L184 (1999).

2 ナノ構造のエピタキシャル成長

　結晶成長のうちでもエピタキシャル成長とは，基本的に下地の平坦な結晶面上に薄い結晶膜を積み重ねていくことである．このとき，組成の違う2つの半導体材料を薄く積み重ねた半導体ヘテロ接合構造を作ると，組成の組み合わせによって，特定の領域に電子を閉じ込めることが出来る．例えば，化合物半導体のGaAsをAlGaAsで，サンドイッチのように挟むと，GaAsの方が電子に対するポテンシャルが低くなるため，電子はGaAs中に閉じこめられる．ここでGaAsの厚さを10ナノメートル程度（$10\,\mathrm{nm}=1\times10^{-8}\,\mathrm{m}$）まで薄くしていくと，電子が，量子力学的に閉じこめられた効果を示す．これを量子井戸構造と呼び，二次元的な自由度を持つ電子の性質をうまく利用して，現在，さまざまなデバイスに応用されている．ところが，最近の結晶成長技術はもっと進歩していて，膜厚の方向だけではなく，特定の結晶を細線状，あるいは箱状に成長させて，これを他の材料で覆い尽くすことが可能になってきている．量子細線および量子ドットと呼ばれるこれらの構造中に閉じこめられた電子の自由度は，一次元および零次元と下がり，これまでの三次元的な自由度を持った電子にはない，全く新しい性質が生まれてくるため，新しいデバイスへの応用が期待されている．ここでは，エピタキシャル成長法を用いてIII-V族化合物半導体の量子細線および量子ドット構造を作製する法に関して順に述べる．

COLUMN ──────────────────────── 電子の次元について

もともと半導体中の電子は三次元の自由度を持っている。すなわち x, y, z いずれの方向にも動くことが可能である。これを1方向だけ閉じこめた一次元井戸型ポテンシャルにすると，電子に対する自由度は1つ下がり二次元になり，一般に二次元電子と呼ばれている。さらに二次元，三次元井戸型ポテンシャルに相当する2方向，3方向閉じこめを行なうと，量子細線，量子ドットとなり，電子の自由度がさらに下がり，一次元電子，零次元電子となる。電子を閉じ込める半導体の側から見ると，量子力学でいう一，二，三次元量子井戸だが，通常，電子の自由度で二，一，零次元電子と表されるのは，それが物性とかデバイス特性に直接反映するからである。当然のことながら，合計するといつも三次元になる。

2.1 量子細線

2.1.1 はじめに

最近の超微細加工技術の急速な発展により，半導体をナノメータスケールで加工および制御することが可能になりつつある。半導体産業分野では，最小加工寸法 300 nm （$0.3\,\mu$m）の大規模集積回路（LSI）が，実用段階にきている。

半導体中で，電子に対してポテンシャルの壁を設けることにより数 10 nm の小さな領域に電子を閉じ込めたり，また電子の通り道に薄い壁を設けると，電子の量子力学的な性質が顕著に見える。この性質をうまく利用することにより，トンネル効果素子を始め，二次元電子トランジスター，電子波干渉素子，あるいは電子1個1個を操作する単電子素子などの新しい動作原理を持つデバイスが次々に生まれてきている。また，量子細線や量子ドットなどを活性層に利用した半導体レーザにおいては，従来の半導体レーザに比べて，閾値が下がり，また温度特性が向上することが予測されている。これらの量子井戸，量子細線あるいは量子ドットを利用した量子効果デバイスを実現するためには，電子の存在する小さな半導体を他の半導体材料で覆い尽くす必要がある。また，電子の低次元性の特長を生かすためには，サイズの均一性も非常に重要となる。

まず，「量子力学」の教科書でよく見られる井戸型ポテンシャルを，人工的

に作製した半導体量子井戸構造に関しては，1970年頃からAlGaAs/GaAs系において，エピタキシャル成長法により比較的簡単に作られてきた。これは，GaAsを井戸層とし，AlGaAsをバリア層としたものであるが，両者の格子定数がほぼ一致しているために，ヘテロ接合の形成が容易であることによる。さらに，平坦な基板結晶上への結晶成長では，原理的に平坦面上の格子点を順次埋めていくlayer by layerの成長モードが一般的に生じるため，単に成長量あるいは成長速度を大幅に減らすだけで，10 nm以下の超薄膜が容易に得られることによる。量子井戸構造は，半導体中の電子の自由度を1つ減らした二次元電子を井戸層の中に形成するものであるが，一方，変調ドープ構造（キーワード参照）の開発により，単一のヘテロ接合でも，容易に二次元電子構造が得られるようになった。しかし，もともと平坦な結晶上に薄膜を作るためのエピタキシャル成長法を用いて，線状の結晶（量子細線）を作るのは，容易なことではない。

これまで半導体量子細線を作るために，III-V族化合物半導体を中心として，エピタキシャル成長を工夫した，さまざまな方法が試みられている。これらの方法は，いくつかに分類される。まず，単純な方法としては，結晶成長から結晶加工，さらに結晶成長（再成長）と繰り返す方法である。最初の成長で，量子井戸構造を形成した後，ウエハーをリソグラフィーとエッチングにより細線状に加工し，さらに加工側壁を二度目の再成長により埋め込むことにより，量子細線を形成する方法である。この方法では，横方向の閉じ込めのサイズがリソグラフィーで制限されることと，再成長界面の欠陥が問題であるが，これまでに，InGaAs/InP系で良好な発光特性を持つ量子細線が報告されている[2]。また，半導体中における電子の一次元伝導特性の測定にしばしば用いられる試料は，量子井戸あるいは，変調ドープ構造の成長により得られた2次元電子構造のウエハを，単純にリソグラフィーとエッチングで細線状に加工することにより，作製されてきた。

一方，結晶成長技術の進歩と結晶成長機構に対する理解が進んだことで，下地となる結晶の構造を工夫することにより，一度の結晶成長で量子細線を形成することが可能になってきた。用いられる主なエピタキシャル成長法は，有機金属気相成長法（MOCVD法），分子線エピタキシャル成長法（MBE法）で

2.1 量子細線

KEYWORD ▬▬▬▬▬▬▬▬▬▬▬▬▬▬▬▬▬▬▬▬▬▬▬▬▬▬▬▬▬▬ 変調ドープ構造

半導体ヘテロ接合のエネルギーの高い側にのみ n 型（p 型）不純物をドープ（添加）することにより，二次元電子（ホール）を作る方法．代表例として GaAs 上に n 型 AlGaAs の薄い膜を成長すると，AlGaAs 中の電子はエネルギーの低い GaAs 側にしみ出し，AlGaAs 中に残されたドナー不純物（正に帯電）と引き合うために AlGaAs との界面に二次元電子の状態で蓄積される．

ある．

以下に，このような結晶成長技術を利用した，III-V 族化合物半導体の量子細線の作製方法に関して紹介する．これまで報告された一次元電子系を作製するための量子細線形成法には，大きく分けて 3 つの方法が挙げられる．

(1) 結晶の低指数面からわずかにずれた表面（微傾斜面）を用い，結晶表面の原子面の段差（ステップ）を起点に，横方向に成長するステップフローモードを利用して細線構造を作製する方法[1]．結晶成長を用いた，横方向の組成制御としては，最も早くから研究されてきた方法．

(2) 凹凸などの加工を施した基板結晶上に結晶成長する際に，成長速度の違いを利用して特定の場所に量子細線を形成し，さらに他の半導体結晶で覆う方法[2]．

(3) 部分的に非晶質膜で覆われた，基板結晶の開口部上に，まずファセットと呼ばれる小面を持った立体構造を選択的に形成し，次に，この構造上に部分的に量子細線構造を形成し，さらに，上部を他の半導体で覆う方法[3]．

これら 3 つの方法に関して，2.1.2 項から 4 項に具体的な例を用いて，わかりやすく説明する．これらの方法を用いて作られた一次元電子構造では，さまざまな物理現象の解明の研究が進められ，さらにデバイスへの応用が報告されている．量子細線を作る際に，横方向の寸法が，結晶成長の性質で自然に決まるため，しばし自己形成法あるいは自己組織化法とも呼ばれてきた．

2.1.2 微傾斜面上の量子細線の形成

化合物半導体の微傾斜面上のステップを起点に，横方向に成長するステップ

フローモードを利用して，細線構造を自然形成する方法に関して説明する。この方法の優れた点は，使用する基板結晶の方位を決めるだけで，結晶成長中に量子細線ができ，他に特別な加工技術をいっさい必要としない点である。結晶成長用基板として，(001)面から (111)A または (111)B 面方向にわずかに傾斜したいわゆる「微傾斜 GaAs (001) 基板」が主に用いられている。

まず，単原子ステップを利用し，面内の微傾斜方向に周期構造をもつ超格子（これを通常の超格子と区別して平面超格子と呼ぶ）が，Petroff らにより提案され，MOCVD 法と MBE 法で相次いで AlGaAs と GaAs を 1/2 原子層ずつ積み重ねた平面超格子構造が作られた[1,4]。この方法は，正確な膜厚制御技術を必要とするなどの困難さにも関わらず，光学特性および伝導特性の異方性，さらに量子細線レーザ，電子波干渉素子への応用が報告されている。

さらに，MOCVD 法を用いてこのような基板上に GaAs 層を厚く成長すると，結晶表面上に不均一に存在する単原子層ステップが会合し，一定の周期を持った多原子層のステップ，いわゆる多段原子ステップ (multiatomic steps) 構造が形成されることが見いだされ，比較的容易に量子細線構造が形成されている[5]。図 2.1 に多段原子ステップを利用した量子細線の模式図を示す。

次に，量子細線の形成法を少し詳しく述べる。多段原子ステップの形成過程については，結晶表面のテラス上を拡散する吸着原子が上端と下端の原子ステ

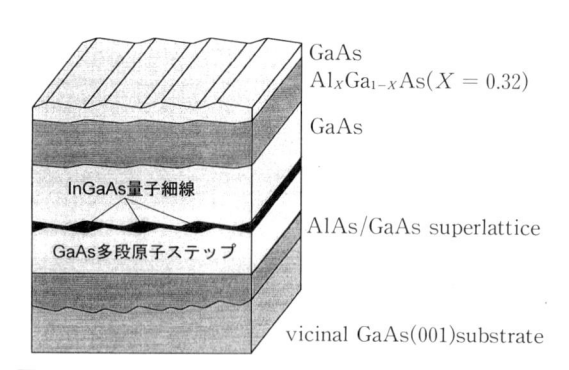

図 2.1　GaAs 多段原子ステップ上の量子細線構造の模式図
MOCVD 法を用いて微傾斜基板上に GaAs 層が成長すると，結晶表面上の単原子層ステップが会合し，一定の周期を持った多段原子ステップ構造が形成され，これを利用して高密度の量子細線が作製されている。

ップに取り込まれる際の，取り込まれ率の違いから説明されている．図2.2(a)は多段原子ステップ形成原理を模式的に示した図である．これによると多段原子ステップの形成，いわゆるステップバンチング (step bunching) 現象は，表面吸着原子が上側に比べて下側の吸着サイトに取り込まれる率が大きいときに起こる．逆の場合，ステップの前進速度はテラス幅の大きさに比例するため，ステップオーダリング（step ordering）と呼ばれる現象が生じ，等間隔に並んだ単原子層ステップの列が表面に形成される．このような吸着原子の取り込まれ方の違いは，テラスの両端にあるとされる吸着原子に対する障壁の大きさの違いによると思われる．詳しくは，本シリーズの上羽による結晶成長基礎理論（第2巻の8.5節，p.132参照）を参考にされたい．

　なぜ，テラスの端に障壁ができるかは，現在まで明らかでないが，最近の超高真空中における多段原子ステップの走査トンネル顕微鏡（STM）観察によると，ステップバンチングが生じる条件では，テラス上に均一に見られるAsのダイマー構造がステップ端直下で部分的に欠如しており，これがバンチングが生じる一因になっていることが示唆されている．AlAs表面にはこのような表面再構成の部分的欠損は観察されず，Al原子に対しては取り込まれ率の違いが生じないため，GaAsのバンチング表面にAlAsが成長していくと，多段原子ステップが崩れる方向に進んで行くことがSTMで観察されている．

　図2.2(b)は，[−110]方向に2°〜6°傾斜した微傾斜GaAs（001）基板上に，MOCVD法で成長したGaAs多段原子ステップ表面の原子間力顕微鏡（AFM）像である．1 μm以上の範囲に渡って直線性のよい多段原子ステップが得られていることがわかる．平均ステップ周期は，テラス表面上のGaの拡散長によって決まるため，成長温度，As分圧などの結晶成長条件で多少変わるが，基板の微傾斜角度にあまり依存せず，概ね40〜100 nmである．ステップ周期の均一性および直線性は，基板の傾斜角度が大きくなるほど良く，特に傾斜角度5°の微傾斜表面では，ステップ周期の平均値からの揺らぎの標準偏差は±13％である．また，GaAs多段原子ステップのステップ端を利用した量子細線を作製する場合，細線の高さは基板の傾斜角度を変えることにより制御することができる．

　これまで，GaAs/Al(Ga)As系，InGaAs/GaAs系材料において，GaAs多

(a)

成長原子　　　　　　　　　　　　成長原子

上側ステップ＜下側ステップ　　　　上側ステップ＞下側ステップ

テラス幅の不均一な単原子ステップ　　テラス幅の不均一な単原子ステップ

↓　　　　　　　　　　　　　　　↓

↓　　　　　　　　　　　　　　　↓

多段原子ステップ　　　　　　　　テラス幅の均一な単原子ステップ

ステップバンチング　　　　　　　ステップオーダリング

(b)

1μm　　　　　　　　基板傾斜角度 (θ)　　　　　　[$\bar{1}$10]

2.0° off　　　3.0° off　　　5.0° off　　　6.0° off

10MLs　　　15MLs　　　25MLs　　　30MLs

平均ステップ高さ (h)

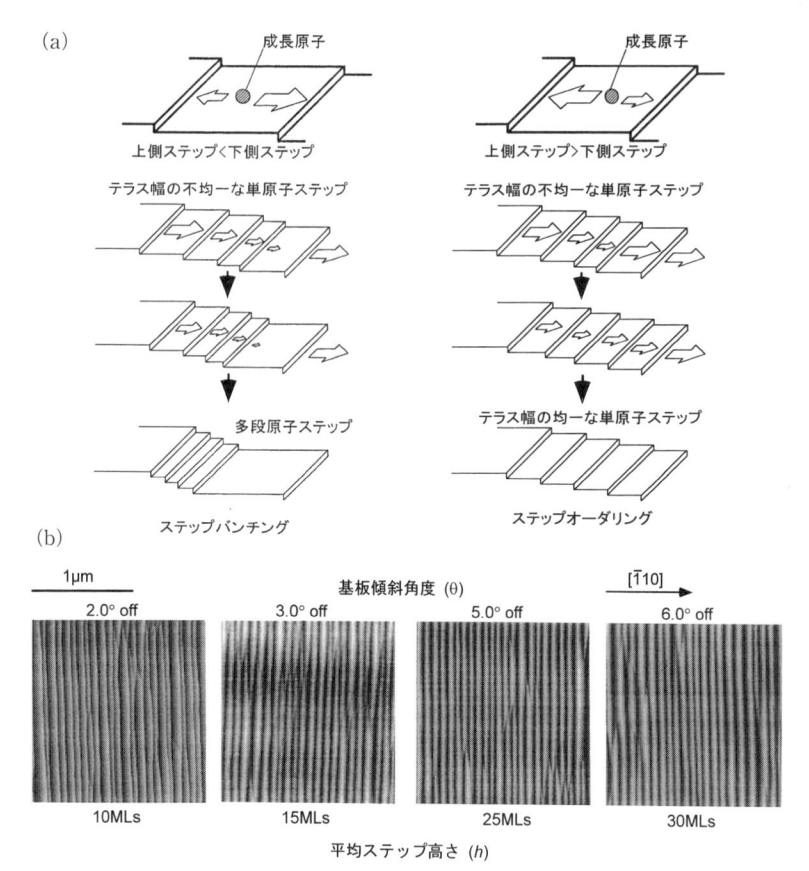

図 2.2 （a）ステップ端への原子の取り込み様式の違いによる多段原子ステップ形成（ステップバンチング）と均一ステップ形成（ステップオーダリング）の原理の模式図。（b）微傾斜基板上の MOCVD 成長 GaAs 多段原子ステップ構造の AFM 像。基板は［-110］方向，すなわち（111）B 面方向に 2°～6°傾斜した GaAs（001）基板である。

段原子ステップ構造を利用した量子細線の作製が報告されている。量子細線を作る上で問題となるのは，多段原子ステップの均一性である。GaAs 多段原子ステップ上に，AlAs 薄膜を成長した場合では，均一な厚さで成長するため，GaAs 多段原子ステップの周期の均一性をそのまま保つが，AlGaAs 薄膜が成長すると，Al および Ga 表面吸着原子のマイグレーション長に違いがあるため，成長膜厚の増加に伴い均一性が崩れる。そこで，主に GaAs 多段原子ステップ構造を直接量子細線構造の障壁層として用いる InGaAs 歪み量子細線およ

2.1 量子細線

び，それを活性層に有する半導体レーザが試作されている．

　図 2.3 は，5°微傾斜した基板上に作った InGaAs（インジウム組成：10 %）細線構造の断面の透過型電子顕微鏡（TEM）像である．ステップ端における InGaAs の横方向成長により，(001) テラスとステップ端との間で，InGaAs 層の膜厚に差が生じていることがわかる．ここに示す例では，InGaAs 細線構造の大まかな断面サイズは，6 nm×25 nm である．平均インジウム組成 10 % および 15 % の InGaAs/GaAs 量子細線構造に対する PL スペクトルのピーク位置は，量子井戸と比較して低エネルギ側へシフト（red-shift）しており，そのシフト量は 25～31 meV である．これは，量子井戸に比べ，図 2.3 に示すようにステップ端で膜厚が部分的に厚くなっているためである．

　しかし，PL のピーク位置は，量子井戸の膜厚のほか，横方向の閉じ込め効

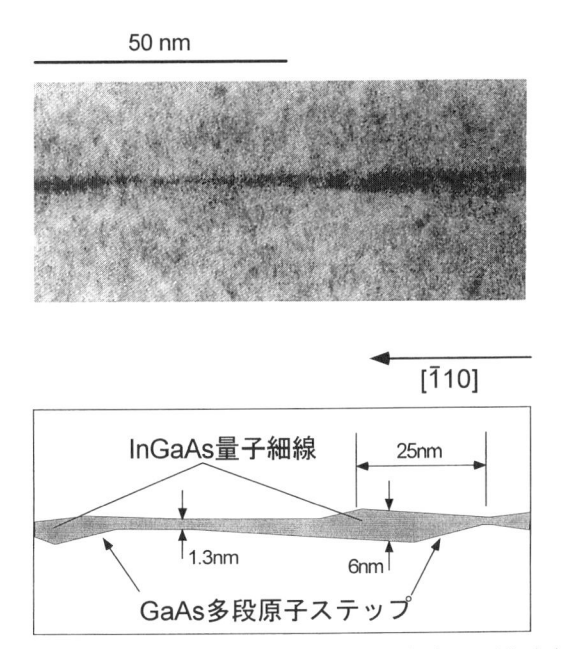

図 2.3　5°微傾斜した基板上に作った **InGaAs**（インジウム組成：10 %）細線構造の断面の透過型電子顕微鏡（TEM）像
ステップ端における InGaAs の横方向成長により，(001) テラスとステップ端との間で，In-GaAs 層の膜厚に差が生じていることがわかる．InGaAs 細線のサイズは，6 nm×25 nm である．

果と，Inの組成変調，およびそれに起因する歪みの効果の影響を受けるため，PL測定の結果から，電子の次元を決めるのは難しい。そこで，成長面に垂直に印加した磁場中における，PLスペクトルの反磁性シフトの観測が行われた。量子井戸および量子細線ともに印加する磁場強度（0～10 T）に伴い，磁場による閉じ込めが加わるため，PLのピーク位置が高エネルギ側へシフト（blue-shift）するが，シフト量を示す反磁性係数 β が量子井戸に対して，量子細線では約1/3に抑制された。これは，量子細線による弱い横方向の閉じ込めポテンシャルがすでに形成されているため，磁場による閉じ込めの効果が抑えられるためで，InGaAs細線内の電子の一次元性を反映している。

次に，GaAs上の多段原子ステップを利用したInGaAs量子細線構造を用いたレーザ・ダイオード（LD）に関して説明する。レーザの層構造は，SCH（Separate Confinement Heterostructure）構造であり，{110}へき開面を共振器ミラーに持つ。共振器長はおよそ600 μm である。発光方向がステップに対し垂直方向および平行方向のLDと，同時に作製した量子井戸LDの77 Kにおけるパルス発振の発振しきい値電流密度は，それぞれ58, 118, 83 A/cm^{2}である。したがって，量子細線レーザでは，細線の方向がキャビティー方向に対して90°のときに，量子井戸レーザのしきい値電流密度より小さくなるとの結果が得られた。これは量子細線内の電子・正孔の1次元性によるものと考えられる。浅田らは，量子細線レーザに対して，キャビティ方向と量子細線の方向との関係に依存した，利得の異方性に関し計算している。これによると，共振器方向が量子細線の方向に対して90°のときに，量子細線レーザの利得が最大になる。このような現象は実験的に他でも観測されている[6]。

この他，微傾斜基板上にn-AlGaAs/GaAs変調ドープ構造を成長し，AlGaAsとのヘテロ界面にGaAs多段原子ステップ構造による実効的な周期的ポテンシャル障壁を形成することにより，電子波干渉デバイスの試作も行い，電子の干渉現象に伴う相互コンダクタンスの振動現象を観測している。

2.1.3　加工基板上への量子細線の形成

エピタキシャル成長用の基板上にサブミクロンから数ミクロンの周期で加工を施し，その上に多層構造を結晶成長させると，成長層は必ずしも基板表面の

凹凸を正確に踏襲するのではなく，成長速度の不均一が生じる．これは，表面上の原子の拡散および，加工の際に現れる側面のファセット面の性質によるものである．これらの現象を利用して，特定の場所に厚く成長することにより量子細線・量子ドットが形成される．量子細線の最初の報告例としては，ベルコアの Kapon らのグループによる，V 溝を持つ GaAs (001) 基板上に，MOCVD 法により形成した GaAs/AlGaAs 量子細線レーザである[2]．その後，レーザの利得を上げるため多層構造も形成されている．量子細線形成の原理は，AlGaAs の成長時に正確な {111} A ファセット面が現れ，溝の底が V 字形を保つのに対し，GaAs の成長時には，V 溝の底に GaAs がやや厚く成長する性質による．図 2.4 に，多重量子細線の断面 TEM 写真とその模式図を示す．V 溝の底部の形が GaAs 層でやや丸くなるのは，Ga 原子の底部方向への拡散が大きいためと見られている．また，凹凸加工面の頂上付近に，GaAs および InGaAs 量子細線が形成されることが，MBE 法で報告されている．

　加工基板を用いた方法の特徴は，次に述べる選択成長法と比較して，SiNx などの異物を持ち込まない，基板加工表面のダメージがほとんどないなどである．しかし，図 2.4 の V 溝の側壁にも見られるように，しばしば目的とする場所以外にも，厚みの異なる量子井戸が平行して形成される．

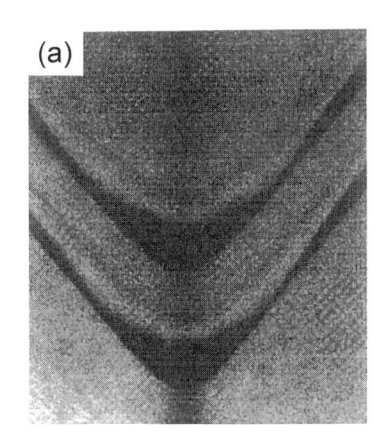

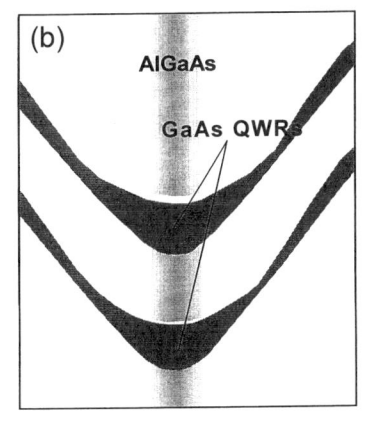

図 2.4 （a）加工 V 溝基板上の多重量子細線の断面 TEM 像および（b）その模式図．量子細線形成の原理は，AlGaAs の成長時に正確な {111} A ファセット面が現れ，溝の底が V 字形を保つのに対し，GaAs の成長時には，V 溝の底に GaAs がやや厚く成長する性質による．

2.1.4 選択成長による量子細線の形成

MOCVD 選択成長は，基板結晶を部分的に SiNx などの非晶質膜で覆うことにより，マスク開口部のみに結晶構造を作製する方法である．結晶成長を利用して構造を作製するため，電子の閉じ込め領域に，プロセスなどによる加工損傷がない構造が作製できる．さらに，結晶成長の際の側壁が，一般に成長速度が極めて遅いファセット面（特定の低指数面）で囲まれるため，成長が進み全体がファセット面で覆われた時点で成長が停止し，供給される原料がマスク外部へ拡散していく自己停止機構[7]がしばしば見られる．これを利用することにより，サイズの均一な構造が作製可能になる．また，選択成長を行うための選択マスクパターンは，プロセス技術により形成するため，作製工程はやや複雑になるが，構造の位置制御が容易であるなど様々な利点がある．これまで (111) B 面および (001) 面 GaAs を用いた選択成長が報告されている．ここでは，MOCVD 選択成長を利用したファセット量子細線およびラテラル量子細線について述べる．

ファセット量子細線は，選択成長時に現れるファセット（小面）形状を成長条件のみで制御して作製される．ファセットは通常，結晶学的な低指数面になるが，成長方法，成長条件によって現れる面方位を変えることができる．以下に，有機金属気相成長法を用いた GaAs ファセット量子細線の具体的な作製手順とその特徴を示す．

ファセット細線の一例として，AlGaAs/GaAs ダブルヘテロ構造により閉じ込められた GaAs 量子細線の断面の模式図と，走査形電子顕微鏡写真を，図 2.5 に示す．GaAs (001) 面の [110] 方向にストライプ状に絶縁膜 (SiO_2) で覆った基板上に台形状に AlGaAs/GaAs/AlGaAs の 3 層構造を作製する．このとき斜面には (111) B 面が現れる．理想的な台形形状を得るためには，(111) B 面に成長の起こらない低温 (650°C)，高 As 圧の成長条件を選ぶ．次に，成長条件を変え，(111) B 面に成長の起こる高温 (800°C)，低 As 圧下で，側面にノンドープおよび Si ドープ n 型 AlGaAs 層を順に成長する．側面の n-AlGaAs 層の電子はポテンシャルの低い GaAs 層側に拡散し，AlGaAs 層との界面に蓄積される．GaAs 層の厚さで細線の幅が決まる量子細線中に，一次元電子構造が形成される．

2.1 量子細線

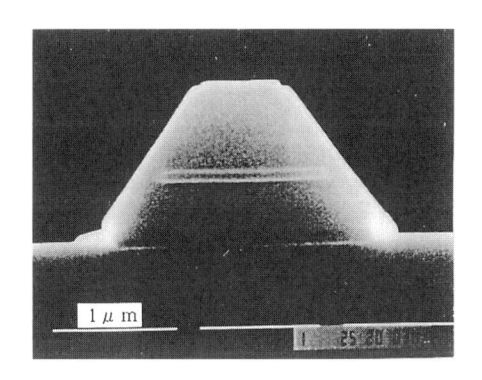

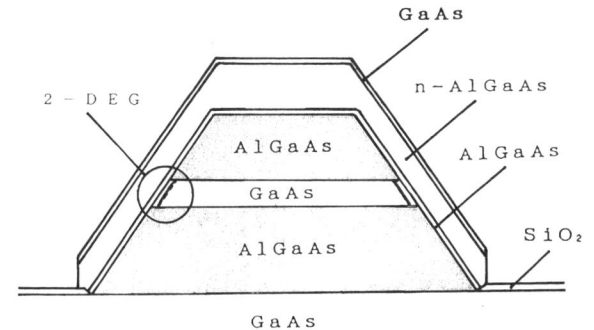

図 2.5 GaAs ファセット量子細線の模式図と断面 SEM 像
最初に台形状の AlGaAs/GaAs/AlGaAs 3 層構造を成長し，次に，成長条件を変え，(111)B 側面にノンドープおよび Si ドープ n 型 AlGaAs 層を順に成長する．側面の n-AlGaAs 層と GaAs 層界面に一次元電子構造が形成される．

この方法は，
(1) 1回の成長で量子細線が作れ，チャネル部分に加工ダメージが入らない．
(2) 細線幅が GaAs 層の成長厚で決まるため，線幅が原子レベルで均一でかつ 10 nm 以下まで任意に変えられるため，細線幅の不均一により生じる電子の局在を抑制できる．
(3) 電子はヘテロ接合により閉じ込められており，三端子化したとき，ゲート電圧で線幅が変わることはない，

という特徴を持っている．しかし，有機金属気相成長法では，結晶性，残留不純物濃度が成長条件で，大きく変わるため，図 2.5 の例でも，しばしば (111)

B面以外にも，電子の蓄積が生じるという問題がある．ファセット量子細線では，図 2.5 の構造以外にも台形の上面に電子を蓄積した構造で，一次元電子の輸送現象の解析と，電子散乱機構の解明が進められている．

絶縁マスクを用いた有機金属気相成長の報告では，他に(001)基板で(111)B 側面を持つ選択成長の頂点付近に GaAs を成長し周囲を AlGaAs で覆った量子細線が報告されている．強磁場下の発光特性から電子-正孔系の一次元性を確認している．同様な構造の量子細線は，最近化学ビームエピタキシャル成長 (CBE) 法を用いた InGaAs 系でも報告されており，発光特性が調べられている．

最後に，同様な方法で選択的に横方向に成長させたラテラル（横方向）量子細線に関して説明する．ファセット量子細線と比較して，面方位の組合せによってはもう少し選択性の強い条件が選べる．前記の (111) B 面が高温低 As 圧で層状成長し，低温高 As 圧で成長が起こらないのに対して，(110) 面ではほぼ逆のことが起こる．これは，それぞれの表面の原子配列に起因しており，(111) B 面では，通常 As 表面上にさらに As が強く吸着しており，相対的な As 分圧を下げる（高温低 As 圧条件）ことで GaAs の成長が起こり，一方，(110) 面では表面での Ga に対する As の結合が弱く容易に解離するため，高い As 分圧（低温高 As 圧）下でのみ GaAs 成長が起こる．

この関係を利用して選択的に横方向成長をさせて，側面に変調ドープ構造の量子細線を作製したのがラテラル量子細線である．図 2.6 に GaAs ラテラル量子細線の SEM 像とその模式図を示す．基板に (111) B 面の [112] 方向にストライプ状に SiO_2 膜で覆った基板を用いる．最初に高温低 As 圧で成長すると側面に (110) 面を持つ矩形構造が得られる．次に成長条件を変え，低温高 As 圧にすると，今度は (110) 側面にラテラル成長が始まる．一般に高温の成長では残留不純物濃度が高くなるため，第一ステップの矩形成長では AlGaAs 層を酸素ドープすることにより，半絶縁化している．ラテラル成長では Si ドープ AlGaAs，ノンドープ GaAs を順に成長することにより，界面に二次元電子ガスを蓄積する．

ラテラル量子細線の特徴は，ファセット細線と比較してチャネル領域が側面にのみ形成できることであり，これは変調ドーピング層が側面にのみ形成され

2.1 量子細線

1 μm

2-DEG　　　　　n-AlGaAs
　　　　　　　　　GaAs
　　AlGaAs　　　SiO₂
GaAs Sub.

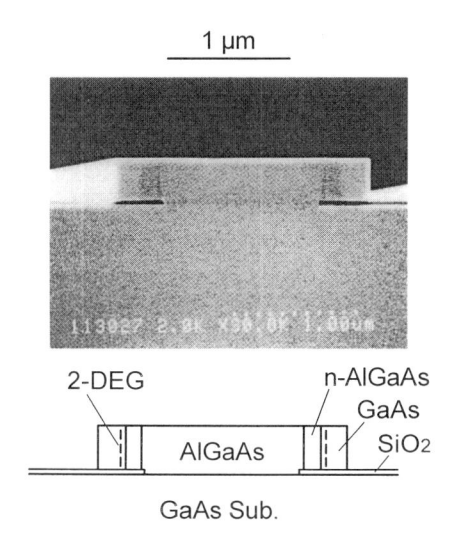

図 2.6　GaAs ラテラル量子細線の模式図と断面 SEM 像
基板にストライプ状に SiO$_2$ 膜で覆った（111）B GaAs を用いる．最初に，側面に（110）面を持つ矩形構造を成長し，次に成長条件を変え（110）側面に AlGaAs/GaAs 変調ドープ構造をラテラル成長することにより量子細線を作製する．

るという強い選択性から生じている．ただし，チャネルの両端をヘテロ接合で囲うことができないため，両側から空乏層が伸びる．したがって，実際のチャネル幅は矩形領域の成長層厚では単純に決まらない．

また，矩形成長を利用したダブルヘテロ接合構造を利用すれば，As-grown でキャビティが形成されたレーザが得られる．またラテラル方向に超格子の形成も可能になる．

2.1.5　まとめ

III-V 族化合物半導体における，自己形成量子細線に関して説明した．80年代半ばにスタートした，半導体低次元構造形成の研究も，個々の技術が着実に進んできており，特に結晶成長機構に対する理解が大きく進んだ．また，デバイス応用分野においても，量子細線レーザ，量子ドットレーザ，電子波干渉デバイス，単電子トランジスタなどの試作の報告がなされてきた．加工技術を極力用いずに，自然にナノ構造が形成されるのが理想であるが，一方で実用的な

デバイスが作製されるには，サイズの制御およびその揺らぎの低減など，まだ課題も多い．

文　献
1) T. Fukui and H. Saito：*Appl. Phys. Lett.*, **50**, 824 (1987).
2) E. Kapon, D. M. Hwang and R. Bhat：*Phys. Rev. Lett.*, **63**, 430 (1989).
3) T. Fukui, S. Ando, Y. Tokura and T. Toriyama：*Appl. Phys. Lett.*, **58**, 2018 (1991).
4) P. M. Petroff, A. C. Gossard and W. Wiegmann：*Appl. Phys. Lett.*, **45**, 620 (1984).
5) T. Fukui and H. Saito：*Phys.* **29**, L483 (1990).
6) H. Saito, K. Uwai and N. Kobayashi：*Jpn. J. Appl. Phys.*, **32**, 4440 (1993).
7) K. Kumakura, K. Nakakoshi, J. Motohisa, T. Fukui and H. Hasegawa：*Jpn. J. Appl. Phys.*, **34**, 4387 (1995).

2.2　量子ドットとエピタキシー

2.2.1　はじめに

半導体結晶中の自由な電子や正孔（キャリア）を，ヘテロ構造を用いて微細な三次元領域に閉じ込めると，量子力学的な性質が顕著に現れる．このような微細構造を量子ドット，または量子箱と呼んでいる．量子ドット中のキャリアは，三次元の全方向に対する運動が制限されて自由度がないので，孤立した原子内の電子と同様に，運動エネルギーが完全に離散的な値になる，という特徴を持っている．このようなエネルギー準位の離散化は量子サイズ効果とも呼ばれる．図 2.7 は，量子井戸，量子細線および量子ドットの概念と，それぞれのエネルギー状態密度関数 $\rho(E)$ を示している．バルク結晶の $\rho(E)$ は放物線型（$\rho \propto E^{1/2}$）であるが，量子閉じ込めによって井戸，細線，ドットとキャリアの運動自由度が減るに従い，$\rho(E)$ の形状は階段型，のこぎり歯型およびデルタ関数型へと変化する．半導体物性の多くが $\rho(E)$ に依存するため，このように半導体構造を微細化することで，光学的性質や電気的性質を人為的に制御できる．特に，量子ドットでは $\rho(E)$ が完全に離散化するので，バルク結晶や量子

2.2 量子ドットとエピタキシー

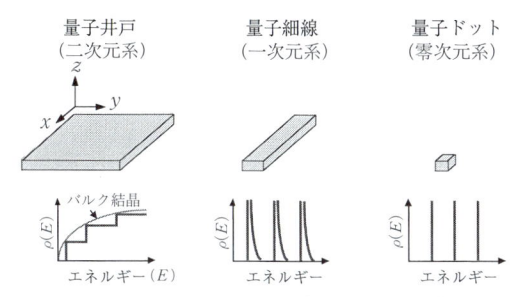

図 2.7 量子構造の種類とエネルギー状態密度 $\rho(E)$ の関係

量子井戸，細線，ドット内のキャリア自由度はそれぞれ二次元，一次元，零次元であり，それに対応して $\rho(E)$ は階段型，のこぎり歯型，デルタ関数型と変化する．ドットではエネルギー準位が完全に離散化し，各エネルギーでの状態密度は∞になる．

井戸とは非常に異なる物性を示す．このため，量子ドットを半導体デバイスに応用すれば，従来のデバイス特性を大幅に改善できると考えられている．例えば，量子ドットを半導体レーザの活性層に適用した場合，量子井戸型レーザと比べて発振スペクトルの半値幅が狭くなったり，発振に必要な電流密度のしきい値が大幅に低減されるほか，しきい値の素子温度による変化が非常に小さくなるなど，有用な素子特性が理論的に予測されている．また，量子ドットを用いた新たな動作原理に基づくデバイスも数多く提案されている．

　量子ドットの利点を実際のデバイス動作に効果的に利用するためには，エネルギー準位の離散化が室温付近でも明瞭に観測されなければならない．そのためには，ドットの大きさを x, y, z の全方向について，約 15〜20 nm 以下の寸法まで小さくする必要がある．これはおおよそ結晶内の自由電子のド・ブロイ波長に相当する値である．また，量子サイズ効果は電子の波動的性質に基づくものであるから，波の一様性を乱す結晶欠陥や不純物原子がドット内に含まれないことも重要である．このような理由から，量子ドットの作製には，充分小さな量子閉じ込め構造を高い結晶性を保ちながら，再現性よく作製できる技術が必要になる．この条件を満たす有望な方法として，エピタキシャル成長を利用してウエハ上にドットを直接形成する方法が注目されている．図 2.7 に示した微細構造を結晶成長の観点から考えると，量子井戸の場合には，ウエハ表面に垂直な方向（z 方向）に対して，膜厚とヘテロ界面の平坦性の制御が行えれば充分であるが，量子ドットではウエハ面内の 2 方向（x, y 方向）にも高

い制御性が必要になる。このため量子ドットの作製は量子井戸と比較して格段に難しい。現在広く用いられているMBEやMOVPEのような成長技術は，垂直方向の成長に対しては単原子層レベルの膜厚制御性を備えているので，量子井戸は極めて高い精度で形成できる。しかし，これらの成長技術を使ってドットを形成する場合には，面内の2方向についてヘテロ構造による量子閉じ込めをいかにして実現するかが重要な技術課題であり，これを解決するための新しいアイデアが必要になる。

ウエハ面内方向のヘテロ構造の実現という観点から，これまで報告されているエピタキシャル成長を用いた量子ドットの作製法を分類すると，次の3種類に大別できる。すなわち，

(1) SiO_2などのマスクでパターニングしたウエハ上に選択成長を行って，マスク開口部にドットを形成する方法，

(2) エッチングで表面に凹凸構造を形成した加工基板を用意し，ここに成長を行ってドットを形成する方法，

(3) 格子定数の大きく異なるヘテロ成長の初期過程で自然発生する三次元の成長島に着目し，これを量子ドットとして利用する方法である。

以下の節では各方法の具体例を示し，技術的特長を解説する。

2.2.2　選択成長を利用した量子ドット作製技術

成長原料にガス分子を用いるMOVPEやGSMBE（Gas Source MBE）のようなエピタキシャル成長法では，SiO_2やSi_3N_4などの絶縁物マスクでパターニングしたウエハ上に特定の条件下で成長を行うと，基板が露出した部分に選択的に結晶成長が起こる。マスク上では，原料分子が表面に吸着してもすぐに再脱離してしまったり，あるいは触媒的な分解反応が起こらないなどの理由で，原料分子の熱分解確率が結晶面上と比べて著しく低下する。このため，エピタキシャル成長に必要な核形成がマスク上では進みにくく，結果として選択成長が起こる。エピタキシャル成長を利用して量子ドットを作製する最初の試みは，この選択成長を利用した方法であった。

図2.8は，GaAs量子ドットを結晶成長で作製する初めての試みとして福井ら[1]が報告した例である。GaAs（111）B基板上のSiO_2マスクに，リソグラフ

2.2 量子ドットとエピタキシー

図 2.8 選択成長を使って GaAs（111）B 基板上に形成した GaAs 量子ドット[1]
三角形の開口を形成した SiO_2 パターニング基板に，MOVPE で AlGaAs と GaAs の成長を行うと三角錐の頂上部に量子ドットが形成される。この GaAs 量子ドットは，立体構造上での成長モードを利用してバンドギャップの大きい AlGaAs で埋め込むことができる。三角錐の側面は {110} である。

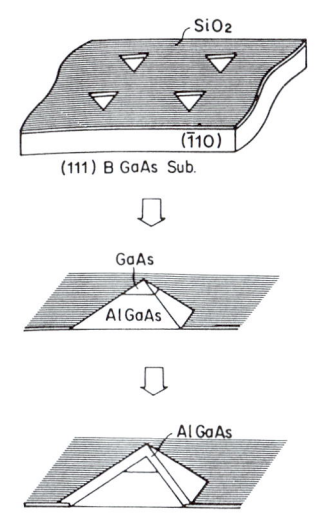

ィーによって［110］方向の辺からなる正三角形の窓を開けておき，減圧 MOVPE 法で AlGaAs/GaAs/AlGaAs のヘテロ構造を選択成長させる。この結果，以下のような成長機構に基づいて，三角錐状の立体構造の頂上部に GaAs 量子ドットが AlGaAs に埋め込まれて形成される。

　まず，AlGaAs の成長時間を調整して立体構造が完全な三角錐形状になる前に成長を停止すると，頂上部に（111）B 面の平坦領域が残った台座状の構造が形成できる。台座の側面には（111）B 基板の 3 回対称性を反映して，結晶的に等価な 3 つの {110} ファセットが現れる。図 2.9 に頂上付近での結晶成長の様子を模式的に示した。図 2.9（a）のように，AlGaAs 立体構造上に {110} 面と（111）B 面が共存する場合に GaAs を成長させると，{110} 側面に吸着した Ga 原料分子または分解して生成された Ga 原子が，表面マイグレーション過程で頂上方向に移動し，（111）B 面の成長に寄与する現象が起こる。これは，（111）B 面上の Ga 原子の取り込み速度が {110} 面よりも大きいために起こる現象である。すなわち，（111）B 面では GaAs 成長速度が大きく吸着種がすば

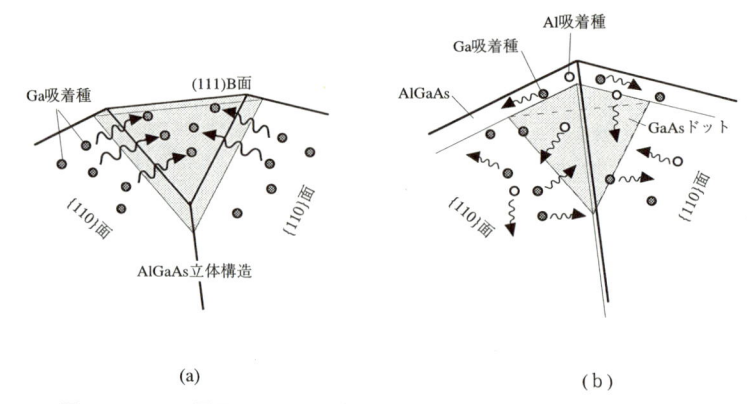

図 2.9　GaAs 量子ドットの形成過程と AlGaAs による埋め込みの様子
（a）頂上に（111）B 平坦部が存在する場合の GaAs 成長，（b）（111）B 平坦部がなくなった後の AlGaAs 成長．(111) B 面が存在する間は Ga 吸着種のマイグレーションのため側壁の {110} 面には成長しないが，(111) B 面が消失すると側壁にも成長が始まる．AlGaAs の成長開始のタイミングを調整すれば，三角錐形状の GaAs ドットを AlGaAs で埋め込める．

やく消費されるから，定常状態では吸着種の表面濃度が低い．一方，{110} 面上では成長速度が小さいので，Ga 吸着種の表面濃度は相対的に高い．このため，{110} 面上の吸着種は密度拡散によって，(111)B 面の方向に移動する．このような現象は，MOVPE 成長を 800℃付近の高温で行った場合に顕著になる．こういったファセット間でのマイグレーションの結果，{110} 面と (111) B 面の成長速度（r）の差が著しく大きくなり，頂上に (111) B 面の領域が存在する間は $r_{(111)B} \gg r_{\{110\}} = 0$ という大小関係が保たれて側壁には成長が起こらない．したがって，AlGaAs 台座上に GaAs を成長させると，頂上部に局所的に成長が起こる．これに対して，図 2.9(b) に示すように，GaAs 成長によって頂上部の (111)B 面が消失した後に，再び AlGaAs 原料を供給すると，{110} 側面に吸着した Ga と Al の吸着種はマイグレーションによって行き場がなくなるため，側壁でも AlGaAs の成長が始まる．その結果，図 2.8 のように，三角錐頂上の GaAs ドットを AlGaAs で埋め込むことができる．以上のように，この例では立体構造の頂上部に (111)B 領域が存在するか否かによって，{110} 側面の成長様式が大きく変化する現象を利用して量子ドットの形成と埋め込みを実現している．

この例からもわかるように，選択成長を利用して横方向に強い量子閉じ込めを持つドットを形成するには，最初に形成する台座頂上の寸法を数 10 ナノメートル程度まで小さくしておく必要がある．これには高精度な結晶成長の制御が必要であり，簡単には実現できない．永宗ら[2]は，電子線リソグラフィーで SiO_2 にパターニングした GaAs 基板上に，横方向寸法が 25 nm 程度の GaAs ドットを AlGaAs で埋め込むことに成功し，選択成長法を用いてサイズの充分小さいドット構造が作製できることを報告している．

以上のように，選択成長による量子ドット形成では，
①ファセットで囲まれた立体構造の形成，
②各ファセットの面方位を反映した成長速度の違い，
③成長する材料の違いによる成長速度の面方位依存性の強弱など，
成長機構に関連した複数の現象が利用されている．特に，②の成長速度のファセット面方位依存性は，面方位の異なるプレーナ基板上で比較した面方位依存性とは定量的に一致しない．その理由は，多面体からなる立体構造上では吸着した成長原料の表面マイグレーションが活発に起こるため，別のファセットから吸着種が流入したり，逆に流出したりして成長速度が大きく変わるからである．このようなファセット間での表面拡散による成長速度の増減は，ファセットのサイズが吸着種の表面マイグレーション長と比較できる程度に小さい場合に顕著になる．

選択成長を用いた量子ドットの形成法は，マスクのパターニングによってウェハ面内でドットの位置制御が容易に行えるなどのメリットを持つが，マスクの加工限界に由来して量子ドットの面内密度に限界があるなどのデメリットも持っている．しかし，これらを解決するための新しい方法や，後述するセルフアセンブル法との組み合わせの検討も着実に進んでおり，今後も選択成長技術が量子ドット作製に重要な役割を果たしていくと考えられる．

2.2.3 加工基板を用いる方法

結晶成長に先立って，エッチングなどで基板上に比較的大きな寸法の凹凸加工を施しておき，この基板上にエピタキシャル成長を行なって，量子ドットを形成する方法である．選択成長ではマスクを付けたまま結晶成長を行うが，加

工基板を用いる方法では，マスクを除去した後に成長を行うこともできる．このため，加工基板形成に用いるマスクは SiO_2 や Si_3N_4 のような絶縁物以外にフォトレジストも使われる．加工基板上への成長では，選択成長のような成長技術への制約がなく，選択性のない MBE で量子ドットを形成することも可能である．しかし，選択成長と加工基板を用いる 2 つの技術の量子ドット形成メカニズムは，原理的に類似している．

ここでは，加工基板上に混晶エピタキシャル層を成長して，その混晶組成の場所による違いを量子ドット形成に利用した例を紹介する．加工基板上には結晶面方位の異なる複数のファセットや，ファセットどうしが交差してできる凹部や凸部があり，それぞれの場所で表面の原子配列が異なっている．このため，表面化学反応の影響を強く受ける成長方法や成長条件下でエピタキシャル成長を行うと，成長速度や混晶組成に面内分布が生ずる．したがって，基板の加工形状を工夫すれば，量子ドットと量子細線を並べて作製することもできる．

図 2.10 は，GaAs（111）B 基板上にウエットエッチングで形成された正四面体形状のリセス（窪み）を示している．まず，図 2.10（a）のように GaAs（111）B 基板に SiO_2 膜を堆積し，リソグラフィーで円形の窓開け加工を行う．次に Br_2 エタノール溶液に基板を浸すと，円形窓の部分に図 2.10（b）のような正四面体形状のリセスが形成できる．リセス内の 3 つの側壁は {111}A 面である．このような GaAs 加工基板上に，減圧 MOVPE を用いて GaAs/InGaAs/GaAs のヘテロ構造を成長させると，各々のリセスの底に InGaAs 量子ドットが自然に形成される[3]．

図 2.11 は，厚さ約 2.5 nm の InGaAs 量子井戸をリセス内に均一に成長し，低温でフォトルミネッセンス（PL）とカソードルミネッセンス（CL）を測定した結果である．図に示すように，PL スペクトルには 2 種類の発光ピークが観測される．平面観察した CL 像との対応を見ると，1.48 eV のピークが正四面体リセスの側壁に形成された量子井戸から，1.45 eV のピークは底部から発光していることがわかる．1.45 eV の発光が三次元方向にキャリアが閉じ込められた量子ドットの性質を持っていることは，サンプルの垂直方向に強磁場を印加した状態で PL 測定を行い，その発光エネルギーの磁場強度依存性（反磁

2.2 量子ドットとエピタキシー

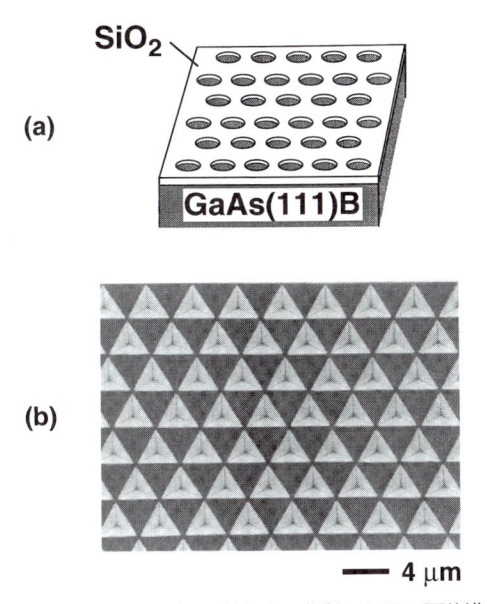

図 2.10 GaAs (111) B 基板上に作製した正四面体溝[3]

(a) GaAs (111) B 基板上の SiO₂ マスクにリソグラフィで円形の開口パターン配列を形成する。(b) 異方性ウエットエッチングを行うと {111} A 側壁でできた正四面体溝が作製でき，平面 SEM 観察から溝形状がそろっているのがわかる。これは基板が閃亜鉛鉱型の結晶であることを利用したエッチング加工であり，四面体形状が自然に形成されることが特徴である。

性シフトと呼ぶ）を調べた実験から確認されている。このいわゆる磁気 PL 法を使うと，クーロン力で結合した励起子（エキシトン）と呼ばれる電子・正孔対のボーア半径を直接評価できる。このため，量子細線や量子ドットの実効的な横方向寸法や，閉じ込めポテンシャルの大きさを調べる目的で広く用いられている。

図 2.12 は，GaAs 正四面体リセス内の結晶面と量子ドットの形成機構のモデルを示している。リセス内の 3 つの側壁は {111}A 面であり，2 つの側壁が交差している V 字型の谷部には {100} 面的な原子配置の領域が存在する。また，3 つの {111}A 面が交差するリセスの底は原子スケールで見ると完全に尖っておらず，(111)B 面に近い原子配列を持った横幅 15 nm 程度の領域が存在すると考えられる。これは，エッチングで形成したリセス内に GaAs バッファ

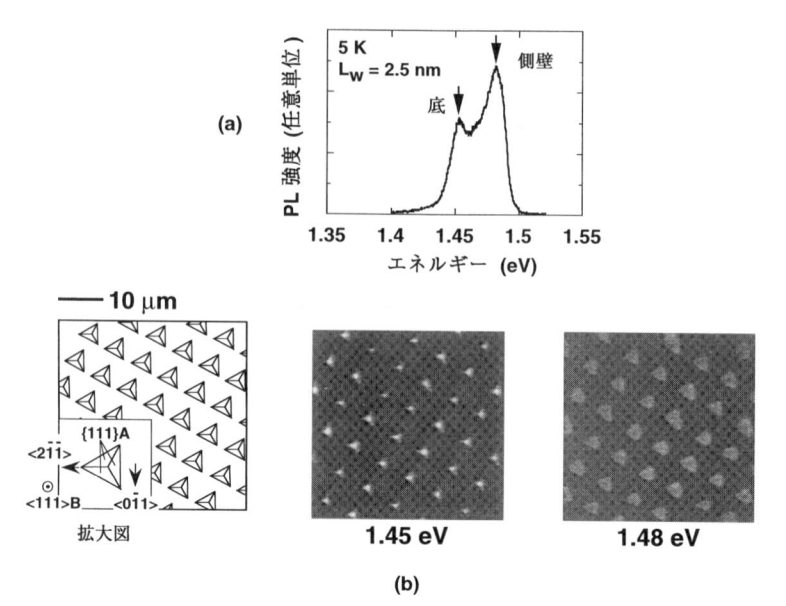

図2.11 (a) GaAs/InGaAs/GaAs ヘテロ構造を成長した正四面体溝の集団からの5Kでの PLスペクトル[3]。(b) 1.45 eV と 1.48 eV で測定した平面 CL マッピング像。挿絵（左）との対応から，1.45 eV の発光は溝の底，1.48 eV の発光は側壁から生じていることがわかる。

層を600℃で成長した際に，Ga 原子のマイグレーションの影響で底部が曲率を持つためである。次に，このように異なる表面原子配列を持った GaAs リセス内に InGaAs を成長すると，混晶組成が下地の影響を受けて変化する。具体的には，底部に成長した InGaAs 層の In 組成が，他の部分よりも大きくなることが，断面 TEM 観察と電子ビーム励起による X 線分析を用いて確認されている。これは，図のような正四面体リセス内の結晶面方位の違いを反映して，InGaAs 成長時の表面反応が局所的に異なるためである。このモデルを支持する結果として，(111)A，(111)B，(100) それぞれの結晶面方位を持つ平坦な GaAs 基板を用意し，リセス内と同一の条件で InGaAs を成長させて In 組成を比較すると，(111)B 基板を用いた場合に In 組成が顕著に高くなることが報告されている。

加工基板を用いるドット形成方法の技術的なメリットやデメリットは，先に述べた選択成長の場合と基本的には同じと考えられるが，特にマスクを除去し

2.2 量子ドットとエピタキシー

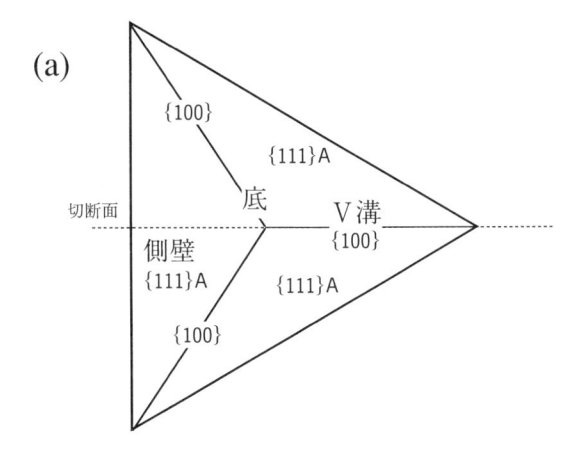

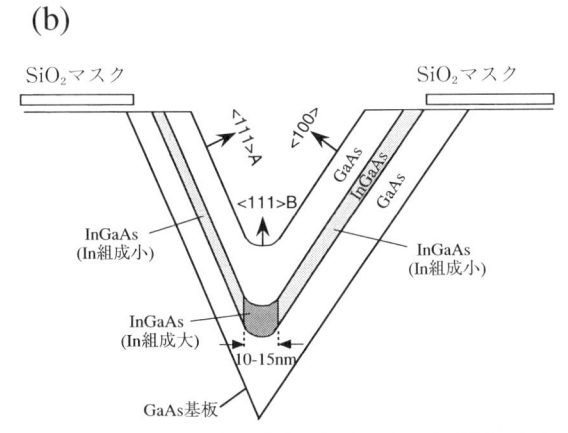

(a)

{100}
{111}A
切断面　　底　　V溝
側壁　　　　{100}
{111}A　{111}A
{100}

(b)

SiO₂マスク　　　　　　　SiO₂マスク
<111>A　<100>
<111>B
GaAs
InGaAs
InGaAs(In組成小)　　　InGaAs(In組成小)
InGaAs(In組成大)
10-15nm
GaAs基板

図 2.12 （a）正四面体溝内の結晶面方位。溝内の側壁は {111} A 面であり，2 つの {111} A 面が交差してできる V 溝の谷部には {100} のような微小面があると考えられる。(b) 溝内に GaAs/InGaAs/GaAs ヘテロ構造を成長した後の断面図。溝内の表面ボンドの影響で，溝の底に成長した InGaAs の In 組成が大きくなるため量子ドットになる。ドットの横方向寸法は 10〜15 nm と見積もられる。

た成長が可能であるため，マスクの埋込みやマスクからの汚染の心配が少ないなど，デバイス応用を意識した場合には自由度が高い。

coffee break 災い転じて福となす？

セルフアセンブル法が世に出てきた経緯は大変興味深い。この成長法は，もともとMBEやMOVPE法でのIn(Ga)As/GaAs，(Si)Ge/Siなど格子不整合系の成長機構の研究に端を発しているが，当初は量子ドット形成を意図したものではなかった。実は研究の興味は，格子定数差の大きな材料系でヘテロ構造や超格子の作製に必須な二次元成長を何とか実現したいという，むしろ正反対の方向に向けられていたのである。この類の材料研究に膨大な時間と努力が費やされたが，自然の摂理に逆らって三次元成長の発生を抑制することは難しく，応用を目指す立場からは諦めムードが出始めていた。しかし，新しいアイデアというのは，このような厳しい状況下にこそ生まれるのかも知れない。どうにも制御困難で使い物にならないと思われていた三次元成長であったが，あるとき全く予想していなかった量子ドットとしての可能性が指摘されるや否や，たちまちにして地味な研究分野が一躍脚光を浴びるようになったのである。しかし，この話を単純に偶然の産物と片付けてしまって良いものだろうか？　成功の背景にはS-Kモード成長についての詳しく深い研究，すなわち表面に発生する微小なアイランドが量子効果が期待できる程度に充分小さな寸法であることや，そのアイランドが一定のサイズに成長するまで無転位のままであること，さらにアイランド部分が光学的にも良好な結晶性を持つことが次第に明らかにされていったという研究過程があることを忘れてはならない。また，自然現象を素直によく観察し，応用を考えるに当たっては柔軟な発想が重要であることを改めて感ぜずにはいられない。

2.2.4 セルフアセンブル法
1 成長モードと量子ドット

基板とエピタキシャル層の格子定数差（格子不整合）に起因する，三次元島状成長を量子ドット形成に用いる方法で，成長前に基板を加工する必要が全くないという大きな特徴がある。平坦な基板上に格子定数の異なる結晶をエピタキシャル成長するだけで，自然に量子ドットが配列して形成されることから，セルフアセンブル法とか，自己組織化成長などと呼ばれている。また，基板面内に比較的大きさの揃った量子ドットを高密度に，しかも極めて簡単に形成できるため，レーザダイオードなどの素子応用も含めて多くの研究が行われてい

S-K (Stranski-Krastanov) 成長モードで現れる三次元成長島 (アイランド) を, 量子ドットとして利用するという最初のアイデアは, 佐々木ら[4]によって GaAs(100)基板上の InAs ヘテロ成長の系で提案された。この系における S-K モード成長の原理を簡単に述べる。GaAs 基板上の InAs 成長では, GaAs の格子定数 0.5653 nm に対して InAs の格子定数が 0.6058 nm であり, 約 7% の格子不整合が存在する。したがって, GaAs 上にコヒーレントに成長した InAs エピタキシャル層は, 基板面内には二軸方向から圧縮歪みを受けて格子が縮み, 垂直方向では引っ張り歪みを受けて格子が伸びて力学的に不安定な状態になる。InAs 層が二次元的な F-M (Frank-van der Merve) モード成長を続ける限り, この歪みエネルギーは膜内に蓄積されていく。一方, S-K モード成長が起こって表面に三次元的なアイランドが形成されると, 特に成長面に沿った方向の格子の縮みが少なくなるという歪み緩和効果が期待できる。しかし, アイランド形状となることで表面積とともに, ダングリングボンド (未結合手) の数が増加するため, 表面エネルギーは増加する。すなわち, アイランドが形成されることで, 「面積増加に基づく表面エネルギーの増加」<「歪みエネルギーの減少」の関係が成り立つならば, 歪みエネルギーの緩和を伴いながら三次元の島状成長に遷移すると考えて良い。

　図 2.13 は, 上で説明した S-K モード成長の実際の様子を, 原子間力顕微鏡 (AFM) で観察した結果である。ここでは, GaAs(100)基板上に InAs の成長を MBE を用いて 480℃で行っている。InAs の堆積量が 1.8 ML (monolayer) (ただし, 1 ML は分子層厚みのことで格子定数の半分, つまり 0.3029 nm) 相当までは二次元的に成長し, 1.8 ML を越えると三次元成長に遷移することがわかる。形成された InAs アイランドは直径約 25 nm, 高さは数 nm の偏平な形状をしている。S-K モードの定義で説明されているように, 三次元化が起こった後でも, ごく薄い二次元成長層が GaAs 上に残っていることが大きな特徴である。この二次元成長層は, "ぬれ層 (wetting layer)" などと呼ばれる。さらに InAs の堆積量が 4 ML まではアイランドの密度は増加し, 4 ML を越えると直径約 40 nm 以上の大きなアイランドが観察されるようになる。TEM 分析の結果では, 三次元成長初期の小さなアイランドにはミス

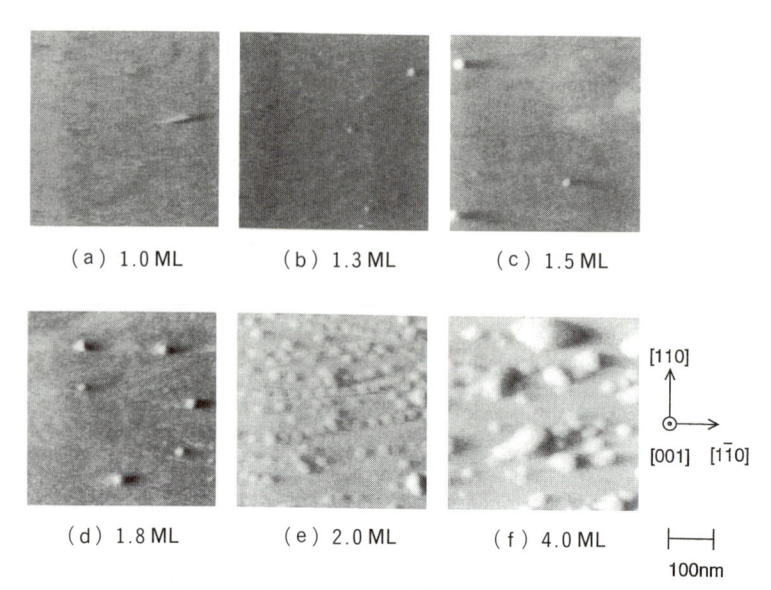

(a) 1.0 ML　(b) 1.3 ML　(c) 1.5 ML

(d) 1.8 ML　(e) 2.0 ML　(f) 4.0 ML

[110]
[001]　[1̄10]

100nm

図2.13　GaAs（100）基板上にInAsを成長した場合の表面モフォロジ変化[4)]
AFM観察から，InAs被覆率が1.8 MLを超えると三次元成長することがわかる．1.8 ML以下では二次元的な成長が支配的になる．

フィット転位が見られないのに対し，4 ML以上での大きなアイランドには転位の発生が確認されている．また，4 MLの堆積表面から分かるように，サイズの大きなアイランドが出現する状況では，逆にサイズの小さいアイランド密度が減少している．

　形成したInAsアイランドをGaAsで埋め込みPL発光特性を比較すると，図2.14のような明瞭な違いが見られる．まず，InAs堆積量が1 MLのサンプルでは850 nm付近に強い発光ピークが観測される．これはGaAs上にコヒーレントに二次元成長したInAs量子井戸層からのものである．820 nm付近のピークはGaAs層のバンド端発光である．InAs堆積量が2 MLの場合には1000 nm付近に中心波長を持つブロードな発光が見られ，この発光が三次元成長したアイランドからのPL発光であることが偏光特性の解析から確認されている．4 MLのInAsを堆積したサンプルでは，サイズの大きなアイランドにミスフィット転位が発生して非発光中心となっているため，発光強度が非常に弱くなっている．1000 nm付近にブロードな発光がわずかに見られるのは，サ

2.2 量子ドットとエピタキシー

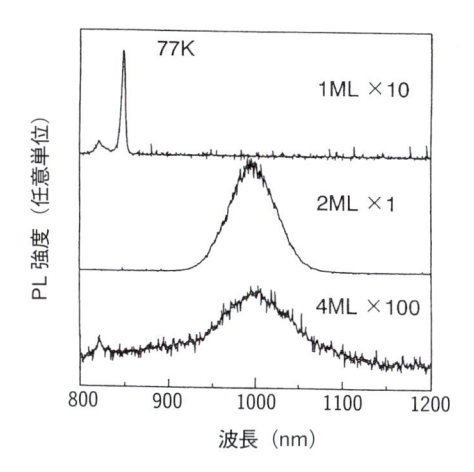

図 2.14 GaAs（100）基板上に MBE 成長した薄い InAs 層からの 77K の PL スペクトル[4)]
GaAs バリア層に挟まれた InAs は 1 ML の被覆率では二次元成長するため量子井戸となり，エネルギー幅の狭い強い発光が波長 850 nm に観測される．InAs が 2 ML 以上になると三次元化が起こり量子ドットになる．波長 1000 nm がドットからの発光で，広いエネルギー幅はドットのサイズ揺らぎに起因している．

イズが小さく無転位のドットが一部残存しているためと解釈されている．

　このような PL スペクトルに関連して重要な点を 2 つ述べておく．ひとつは，S-K モードによる成長アイランドが三次元の量子閉じ込めに充分なサイズであるか，ということであるが，先に述べた反磁性シフトと呼ばれる強磁場中での PL 発光エネルギーの変化が複数の研究機関で調べられ，量子ドットの証拠である横方向の強い閉じ込めポテンシャルの存在が証明されている．InAs ドットの高さは数 nm と小さいので，縦方向には通常の量子井戸と同様に，上下の GaAs 層による量子閉じ込めが起こっている．次に，スペクトルの広い半値幅に関する解釈である．本来，量子ドットでは図 2.7 のように離散的なエネルギー状態密度を反映して，輝線的な発光スペクトルが観察されるはずである．しかし，図 2.14 のように実験で観測される PL スペクトルの半値幅は非常に広い．この理由は，実際にはアイランドのサイズや形状がばらついており，個々のドットの量子化エネルギーの大きさに分布が生じるためと考えられている．すなわち，幅の広い発光スペクトルは，個々のドットに固有の輝線的な発光線が多数重畳したものと解釈されている．このような原因で発光スペク

トルが広がっている様子を不均一広がり（inhomogeneous broadnening）が起こっているという。

以上のような特徴を持つセルフアセンブル法による量子ドットをデバイスに応用することを考えた場合，①大きな量子閉じ込め効果を実現できるサイズであること，②ドット間の均一性が高いこと，③密度が高いこと，④空間的に規則的な配列が可能なこと，などが要求される。S-Kモードによる三次元島状成長を量子ドットの形成技術として利用できることが示されて以来，ドットのサイズ，密度，均一性の制御や成長方向および面内でのドットの規則的な配列の制御，さらにレーザダイオードなどのデバイス応用へと研究の中心が移りつつある。

2 成長条件依存性

エピタキシャル成長条件とドットのサイズや密度，均一性などの相関について，非常に多くの研究結果が報告されている。ここでは，S-Kモードによる量子ドット研究の初期の代表的なデータを示して解説する。

Leonardら[5]は，MBEによるGaAs(100)面上のInAsドット形成について，InAs堆積量の影響を詳しく報告している。図2.15は，530°CでInAsを成長した後のGaAs表面を大気中でAFM測定したときの，InAs被覆量とアイラ

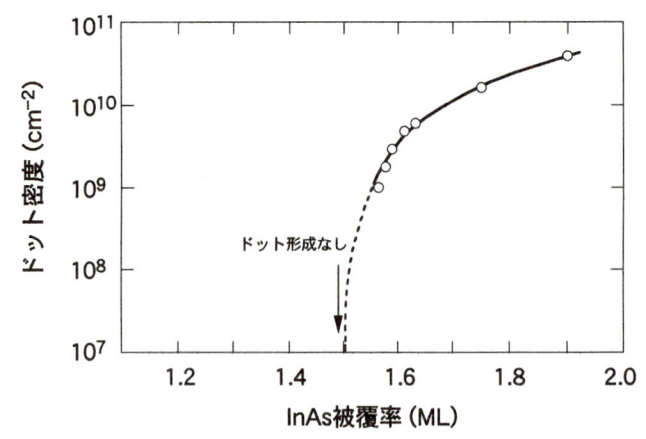

図2.15 GaAs (100) 上に堆積したInAs被覆率とドット密度の関係[5]
InAs被覆率増加に伴い，ドット密度は$4\times10^{10}\mathrm{cm}^{-2}$まで増加する。実験データの外挿から，約1.5 MLの被覆率で二次元から三次元へと成長モードが遷移すると考えられる。

ンド密度の関係である。S-K 成長モードで，二次元から三次元への遷移が起こる InAs 被覆率は約 1.5 ML であり，被覆率とともに密度は約 $4\times10^{10}\mathrm{cm}^{-2}$ まで増加する。三次元化が始まる被覆率が先に示した図 2.13 の例と異なるのは，基板表面温度や実効的な As_4 圧力などの成長条件による違いと考えられる。これは実際の成長過程が非平衡であり，アイランド形成過程に成長のカイネティクスが影響を及ぼしていることを示唆している。

ドットの密度，サイズ，均一性と成長条件の関係については，Chen ら[6]が GaAs(100)基板上に 6 ML の InAs を MBE 成長したサンプルについて，TEM 観察を詳しく行って調べている。それによると，ドット密度は成長温度が低いほど大きくなることが報告されている。また，As_4 圧を変化させたときのアイランド密度と平均サイズの変化については，As_4 圧の増加により密度の減少が起こり，それと同時にアイランドのサイズが大きくなることが明らかにされている。さらに，ドットサイズの均一性に関しては，成長温度が高いとドットの平均サイズが大きくなり，しかもサイズ分布も増大することが示されている。

以上の例に見られるように，GaAs(100)基板上の InAs ドットの形成過程は InAs 被覆率や成長条件によって変化する。また，GaAs 基板の面方位を変えると，三次元化が始まる被覆率やドットのサイズ，密度などが変化するばかりでなく，成長モード自体も変化することが報告されている。さらに，成長原料の In と As_4 を交互に供給したり，成長速度を非常に遅くする方法など，量子ドットの作製条件を大きく変えることで，サイズや密度を制御する試みも行われている。これらはドット形成の成長カイネティクスを人為的に制御しようとする試みである。成長技術に関しては，S-K モードによるドット形成過程を RHEED (Reflection High-energy Electron Diffraction) を使ってその場 (*in-situ*) 観察できて便利であることから，MBE が主流になっている。しかし，MOVPE の場合にもサイズ，密度ともに MBE とほぼ同等の量子ドット形成が確認されている。

3 積層化

セルフアセンブル法による量子ドット形成を成長方向に繰り返し行うと，量子ドットの積層化が起こる現象が見い出されている。図 2.16 は Xie ら[7]によ

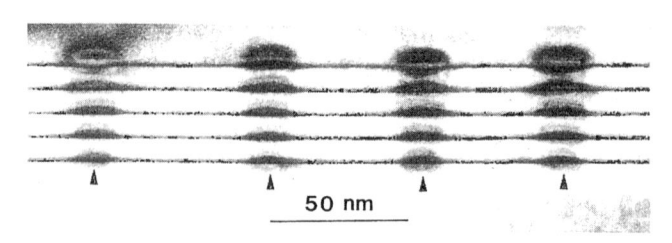

図2.16 縦方向に積層したInAsドットの断面TEM写真[7]

5層のInAsドットが縦方向に配列している。各層のInAsドットの歪み場が直上のGaAsバリア層に伝播し，次層のInAsの核形成に影響する。

り報告された結果で，GaAs(100) 上に2 ML の InAs を36 ML（約10 nm）のGaAsスペーサ層で分離しながら，5回積層したサンプルを断面TEM観察したものである。横方向寸法17 nm，高さ3.5 nm程度のInAs量子ドットが各層に形成されており，しかも成長方向に完全に配列している。図2.17の白い四角のデータポイントは，上下の層の2つのInAsドットが縦方向に配列する確率（ペア形成確率）をGaAsスペーサ層厚さの関数として示したものである。縦方向への配列確率はGaAs層が約50 ML以下で大きく，GaAs膜厚が増加するにつれて上下の相関が次第に弱くなり，約200 ML以上では相関がなくなってランダムに核形成が起こることがわかる。

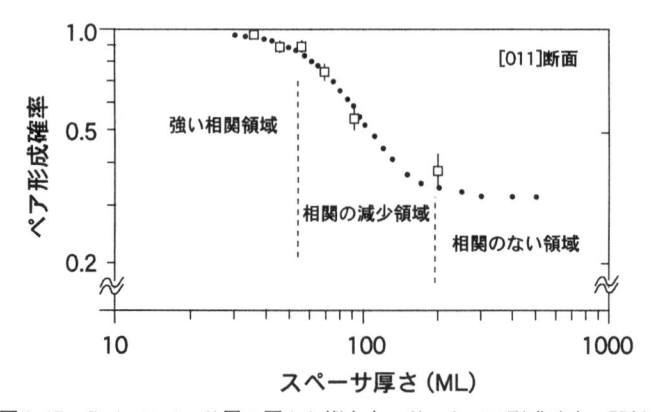

図2.17 GaAsスペーサ層の厚さと縦方向のドットペア形成確率の関係[7]

InAsドット層間のGaAsスペーサ厚さが増加すると縦方向の配列確率は小さくなる。黒丸は成長モデルから予想されるペア形成確率の計算値であり，実験結果（白い四角）とよく一致している。

2.2 量子ドットとエピタキシー

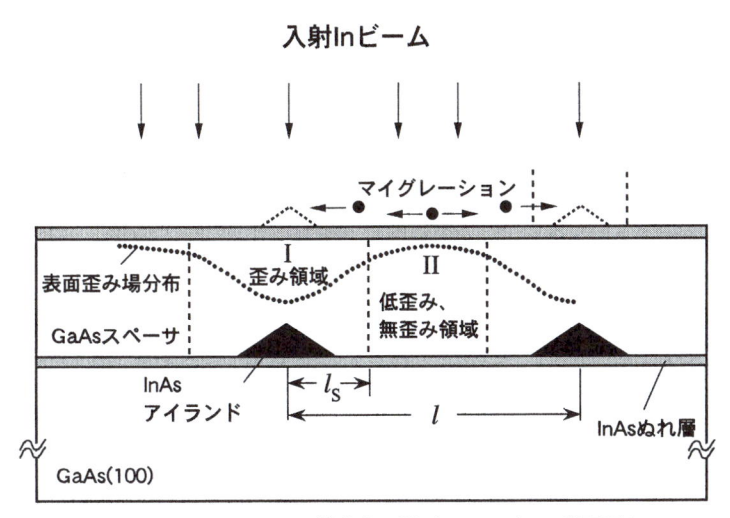

図2.18　InAsドットの縦方向の配列メカニズムの説明図[7]

薄い GaAs スペーサの場合には成長表面に下層の InAs ドットからの歪み場が伝播し，表面で歪みが周期的に変調されるため InAs 核形成が影響される。下層 InAs ドットの中心から l_s の距離に入射した In 原子が，歪み場の影響を受けて縦方向に配列したドット形成に寄与する。

　彼らは，図 2.18 に示すようなモデルで縦方向へのドットの配列化を説明した。すなわち，GaAs 基板上に自己形成された InAs ドットを GaAs で埋め込んだ場合，InAs ドット上部の GaAs はドットの影響で引っ張り歪みを受ける（図中 I の領域）。一方，InAs ドットが存在しないところに成長した GaAs （II の領域）には歪みがないか，またはあっても極めて小さいと考えられる。したがって，2層目の InAs を堆積する前の成長表面には，図中に波線で示すような歪み場が存在すると考えられる。このような状況で2層目の InAs を堆積すると，領域 I の表面では表面マイグレーションによって，1層目のドット上部に原子が集まって核形成を起こし，新たなドットを形成する。これは領域 I の GaAs 面内格子定数が伸びているため，ここに InAs が核形成した方が歪みエネルギーの蓄積が少なく安定になるからである。以上が，縦方向にドットが配列する理由である。

　一方，領域 II に堆積した InAs はその付近で S-K モードに従ってアイランド成長を起こすが，これが縦方向の配列を乱す原因になる。いま，第1層目の

InAsドットの面内方向での平均間隔を l とし，1つのドットからの歪み場が及ぶ距離を l_s と定義すると，$2l_s > l$ の関係が満たされれば縦方向へのドットの配列が実現されると考えられる．また，GaAsスペーサが厚くなれば表面での歪み場の強さが急激に低下するので，領域ⅠとⅡにおける核形成時の歪みエネルギー差が小さくなって，縦方向への配列は見られなくなる．以上の描像に表面における原子拡散の効果を取り入れたモデルを定式化し，上下のドットの配列確率を計算した結果が図2.17中に黒丸で示されている．実験値と良い一致を示していることから，このモデルがドットの縦方向の積層化の機構をほぼ正しく記述していると考えられる．

ドットの積層化は，成長条件の工夫により30層以上の多層膜が実現されている．積層化は成長機構としても大変興味ある現象を含んでいるが，素子応用を考えた場合にも極めて重要である．つまり，量子ドットの体積密度を増加することができるため，量子ドットレーザなどの低しきい値化や高出力化に効果がある．また，GaAsスペーサの厚さを変えることで，上下に配列したドットの波動関数の結合状態を制御することが可能になるため，結合量子ドットも作製できる．すでに，結合量子ドットの形成を示唆する光学特性の報告も幾つかなされている．

4　面内配列

セルフアセンブル法による量子ドットの素子応用を考えるうえで，もう一つの重要な成長技術がドットの面内配列である．先に紹介した選択成長による方法や加工基板を用いる方法と異なり，成長面内でドットの形成位置を正確に制御できないことが，この方法の欠点である．この課題を克服するための多くの基礎的な研究が行われている．

図2.19(a)は，荒川ら[8]のグループから報告された結果で，MOVPE法で形成したGaAs基板上のInGaAsドットの様子をAFM観察したものである．表面上のドットが5列の直線状に配列しているのがわかる．まず，〈010〉方向に微傾斜したGaAs(001)基板上のバッファ層の成長条件を選び，ステップバンチング現象を利用したマルチステップを表面に形成する．ここにMOVPE法でInGaAs成長を行うと，ドットがあらかじめ形成されたステップエッジに直線的に配列して形成される．図2.19(b)は，このようなドットの成長の様子

2.2 量子ドットとエピタキシー

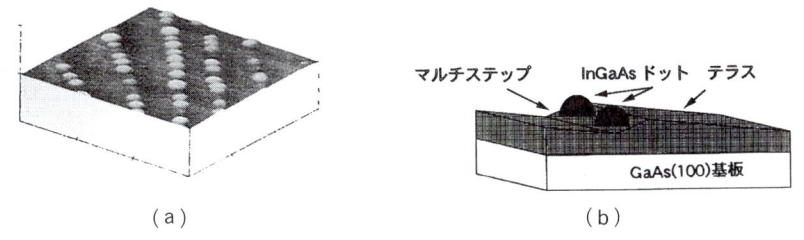

(a)　　　　　　　　　　　　(b)

図 2.19　表面ステップを使った InGaAs ドットの面内配列[8]
(a)成長サンプルの AFM 観察。[100]方向に伸びたステップに沿って 5 列のドット列が形成されている。(b)ドットの面内配列メカニズムの説明図。ドットはマルチステップのエッジに並んでおりテラス上には形成されない。マルチステップエッジは単原子ステップが束なったものであり，成長核の形成確率が大きいと考えられる。

を模式的に示したものである．AFM 観察の結果，ドットはマルチステップのエッジに選択的に形成され，テラス上には形成されないことが明らかにされている．マルチステップの高さは約 2 nm で，ドットの高さは 4.5 nm，直径は 20 nm 程度である．ここで示したドットの面内配列には，GaAs 表面上での成長核形成がステップ密度の低いテラス上よりも，ステップ密度の高いエッジ部分で起こりやすいという現象を利用している．

2.2.5　材料の広がりと今後の課題

　これまで説明したように，エピタキシャル成長を利用した量子ドット形成は，GaAs や InAs などのⅢ-Ⅴ族化合物半導体を中心に進められてきた．その理由は，これらの材料系で良質なヘテロ接合が作製できること，および電子の有効質量が小さく量子閉じ込め効果が室温付近でも観測できる，という利点を持つからである．しかし，新しい物性の探索やその応用の可能性を調べる目的で，最近はドット材料もきわめて広範囲に及んでいる．例えばⅢ-Ⅴ族では，InP や InGaP などの P 系材料，GaN や InGaN の N 系材料のセルフアセンブルドットが数多く報告されている．特に，後者は青色や紫外域のレーザ材料として期待されている．また，タイプⅡと呼ばれるバンド配列のため興味深い光物性が期待されることから，GaAs 基板上の GaSb ドットの研究も行われている．Ⅱ-Ⅵ族やⅣ族系材料でも，ZnSe 基板上の CdSe，Si 基板上の SiGe，Si-GeC の系で S-K モード成長が研究されている．しかしいずれの場合にも，ド

ット形成に利用している成長機構はIII-V族の場合と同じと考えて良い。

　この節で紹介したドット形成法は，いずれも1990年代になって開発されたものであり，量子ドット形成のためのエピタキシャル成長技術はこの10年間に著しく進歩したことが分かる。特に，セルフアセンブル法のように，かつては極めて困難と考えられた横方向寸法10〜20 nmの量子ドットが簡単に作製できるようになったことは，特筆すべき成果と言える。また，作製されたドットは結晶欠陥のない良好な結晶であり，エピタキシャル成長技術のメリットが充分に反映されている。さらに本文でも述べたように，面密度の向上や積層化，面内配列といった技術課題に対する取組みも着実に進んでいる。しかし，唯一残された大きな課題に，サイズばらつきの問題がある。現状のいずれの作製技術を用いても，ドットのサイズには統計的な平均値から±10％程度の分布幅が存在する。量子ドットが本来持っている物性を最大限に引き出してデバイス特性に反映させるには，サイズの均一化をいかに実現するかが最大の鍵となる。現在，均一性向上に向けて成長条件を最適化するなど多くの努力が続けられているものの，この問題を根本的に解決する成長方法や技術は残念ながらまだ見つかっていない。しかし近い将来，結晶成長機構をより深く理解するための多くの研究の中から解決の糸口が見い出され，サイズばらつきの問題も克服されていくものと考えられる。

文　献

1) T. Fukui et al., *Appl. Phys. Lett.*, **58**, (1991) 2018.
2) Y. Nagamune et al., *Appl. Phys. Lett.*, **64**, (1994) 2495.
3) Y. Sakuma et al., *J. Electronic Mat.*, **28**, (1999) 466.
4) 佐々木昭夫：応用物理, **65** (1996) 1149.
5) D. Leonard et al., *Phys. Rev.*, **B50**, (1994) 11687.
6) P. Chen et al., *J. Vac. Sci. Technol.*, **B12**, (1994) 2568.
7) Q. Xie et al., *Phys. Rev. Lett.*, **75**, (1995) 2542.
8) M. Kitamura et al., *Appl. Phys. Lett.*, **66**, (1995) 3663.

3 磁性半導体のエピタキシャル成長

磁性半導体のエピタキシャル成長の進歩によって，自然界に存在しない閃亜鉛鉱型結晶構造をもつ MnTe や，熱平衡状態の固溶限度をはるかに超える磁性原子濃度をもつⅢ-Ⅴ族磁性半導体が実現された．また，人工的には作製しにくい磁性半導体ナノ構造も結晶成長を利用して形成できる．このような結晶成長の進歩が切り開いた「物質」群によって，電子の電荷と共にスピンも用いる半導体スピンエレクトロニクスが新しく生まれようとしている．結晶成長によって，新しい物理やエレクトロニクスの分野が開かれるのである．

3.1 磁性半導体とは

広義の磁性半導体（magnetic semiconductors）は，磁性原子（遷移金属，希土類）を含む半導体全体を指す．狭義の磁性半導体は磁性原子が周期的に格子を組んでいるものを指し，それに対して非磁性半導体と磁性原子の混晶（非磁性半導体の結晶格子の一部を磁性原子が置換したもの）を希薄磁性半導体（Diluted Magnetic Semiconductors, DMS's）と呼ぶ．希薄磁性半導体は半磁性半導体（semi-magnetic semiconductors）とも呼ばれるが，これは同じものを指す．

以下，磁性半導体のエピタキシャル成長と共に磁性体/半導体融合構造のエピタキシャル成長について，成長層の特性にも触れながら見て行こう．

3.2 希薄磁性半導体の物性

磁性半導体のエピタキシャル成長について解説する前に，そこに現れる基本的な物性についてまとめよう[1,2]。通常の非磁性の半導体を構成する原子では，電子軌道のdまたはf軌道が完全に空もしくは充填されていて，電子の持つスピンは打ち消しあい，全体として磁気モーメントを持たない。これに対しいわゆる「磁性原子」は，d, f電子が部分的に充填されていて，磁気モーメントが打ち消されずに残っているもので，遷移元素あるいは希土類元素がそれに該当する。希薄磁性半導体では，この磁性原子の磁気モーメント（以下「磁性スピン」と呼ぶ）がミクロな磁石としての役割を果たし，非磁性半導体では通常ほとんど無視できる磁気的現象が，非常に拡大された形で現れることになる。

3.2.1 交換相互作用とバンドの分裂

磁性スピンに限らず，一般に電子のスピン間には，交換相互作用が作用する。これはクーロン相互作用とパウリの排他律から生じる量子力学的効果で，2つの電子のスピンが平行か反平行かによってエネルギーの差異が生じ，どちらがエネルギー的に安定であるかによって，スピン間の相互作用は強磁性的になるか，あるいは反強磁性的になるかが決まる。

希薄磁性半導体に特有の磁気的性質を与える上で最も重要なのが，上述の磁性原子の「磁性スピン」と自由電子（キャリア）との間の交換相互作用である。閃亜鉛鉱型あるいはウルツ鉱型の結晶構造を有するII-VI族，III-V族半導体では，伝導帯・価電子帯はそれぞれs, p電子的対称性を有するので，この交換相互作用はsp-d（あるいは-f）交換相互作用と呼ばれる。このsp-d交換相互作用によって，伝導特性や光学的特性が変調されるので，非磁性半導体では見られないさまざまなスピンに関連した現象が希薄磁性半導体に現れる。

その特徴的な振舞いの1つが以下に説明する巨大ゼーマン分裂[3]である。磁場中では，磁性スピンが整列して磁場方向成分の平均値$\langle S_z \rangle \neq 0$となり，整列した磁性スピンとの交換相互作用により，自由電子のエネルギーはスピンの向きに応じて分裂する。このときの分裂エネルギー(幅)は，磁場が自由電子のスピンに直接作用する通常のゼーマン分裂に比べて非常に大きくなるので，巨

3.2 希薄磁性半導体の物性

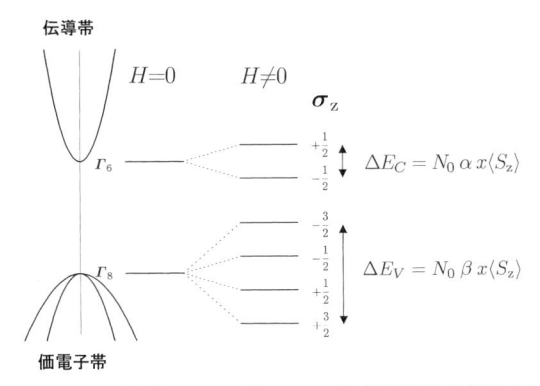

図3.1 閃亜鉛鉱型の結晶構造を持つⅡ-Ⅵ族，Ⅲ-Ⅴ族希薄磁性半導体の伝導帯・価電子帯における巨大ゼーマン分裂
磁場 H を印加すると，伝導帯・価電子帯の端状態のエネルギーは，そのスピンの磁場方向の成分 σ_z に応じて，伝導帯は2つに，価電子帯は4つに分裂する．

大ゼーマン分裂と呼ばれる(図3.1)．実際，スピン分裂の程度を表す g 因子(キーワード参照)で言うと，通常のゼーマン分裂では g 因子は2程度の値であるのに対し，希薄磁性半導体におけるスピン分裂は有効 g 因子で数10から数100もの値に達する．これは外部磁場の作用が，整列した磁性スピンの分子場によりいわば"増幅された"形でキャリアのスピンに作用するものと見ることができる．

3.2.2 磁性スピン間の相互作用と磁気的性質

電子のスピンに起因する交換相互作用は，上で述べたキャリアと磁性スピン間だけでなく，磁性スピンどうしの間にも作用する．キャリアが存在しない場合でも，磁性スピン間には化学結合による超交換相互作用と呼ばれる相互作用が働く．この超交換相互作用は，結晶中で隣り合う磁性原子が結合している原子を介して作用するもので，Mnを磁性原子とするⅡ-Ⅵ族希薄磁性半導体では反強磁性的である．このMnスピンどうしの反強磁性的相互作用の結果，Mn組成が増すにつれ常磁性，スピングラス（キーワード参照），反強磁性相という磁性を示す[4]．

一方，キャリアが存在する場合には，磁性スピンがキャリアを介して相互作

KEYWORD　　　　　　　　　　　　　　　　　　　　　　　　g 因子，スピングラス，RKKY

(1) g 因子の定義は，磁場 H の下でのゼーマン分裂幅を ΔE，ボーア磁子を μ_B とすると，$g = \Delta E / \mu_B H$ で与えられる．巨大ゼーマン分裂の場合，分裂幅 ΔE が非常に大きくなるので，見かけの g 因子（有効 g 因子）は数 10〜数 100 に達することになる．

(2) ここでのスピングラスとは，磁性スピンがランダムに配置した混晶で隣接する磁性スピン間は反強磁性的に配列しているが，反強磁性相のような長距離に亘る秩序は存在しないという状態を指す．スピン配列が原子配列におけるガラス状態（非晶質）と類似していることから，この用語が用いられる．

(3) フェルミ面が形成されている場合，キャリアを媒介とした磁性スピン間の相互作用は RKKY（Ruderman-Kittel-Kasuya-Yosida）相互作用と呼ばれ，相互作用の大きさは磁性スピン間の距離に対して強磁性と反強磁性の間を振動する特徴的な振舞いを示すことが知られている．

用する間接的な交換相互作用が生じる．キャリア濃度が少ないときには，局在したキャリアが sp-d 交換相互作用により磁性スピンを偏極させてエネルギーをさらに下げた状態の磁気ポーラロンが生成される．それに対し，キャリア濃度が高くなると，キャリアを媒介とした相互作用が磁性スピン間に働くようになり（キーワード参照），(Ga, Mn) As などで見られるように，強磁性秩序が現れる[5]．

3.3　II-VI族希薄磁性半導体の成長と物性

II-VI族希薄磁性半導体の母体となる二元化合物半導体は，II b 族元素 Zn, Cd, Hg とVI族元素 S, Se, Te との間のあらゆる組み合わせが知られており，そのバンドギャップは ZnS の 3.9 eV から HgTe の −0.3 eV までの，紫外から赤外に亘る幅広い波長域を覆っている．II-VI族希薄磁性半導体は，これら二元母結晶の II 族元素を遷移元素 Mn, Fe, Co, Cr などで部分的に置換したものである[1]．これらの遷移元素は結晶中で 2 価となるため，II族元素と置換し易く，遷移元素の組成の高い混晶を容易に成長させることができる．

図 3.2 に II-VI族希薄磁性半導体のうち主なもののバンドギャップと格子定

3.3 II-VI族薄磁性半導体の成長と物性

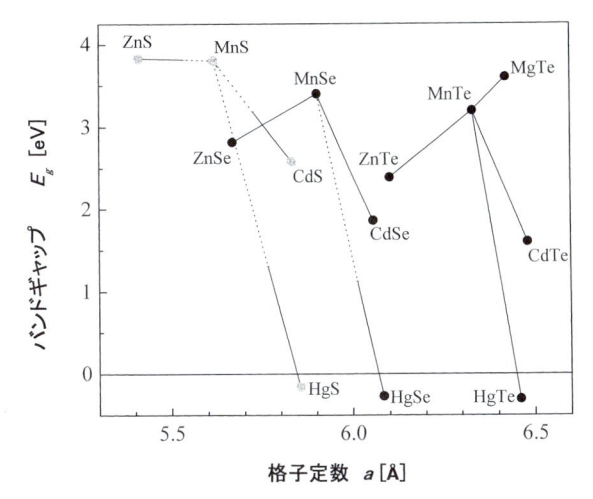

図 3.2 II-VI族希薄磁性半導体のバンドギャップ E_g と格子定数 a の関係
実線の領域は，その組成の混晶半導体が実際に結晶成長可能であることを示している。

数の関係を示す。図中で CdTe，ZnTe などは閃亜鉛鉱型（Zinc-Blende；ZB）の結晶構造であるのに対し，MnTe は従来のバルク結晶成長法で得られる結晶は NiAs 型の結晶構造で，閃亜鉛鉱型の $Cd_{1-x}Mn_xTe$, $Zn_{1-x}Mn_xTe$ は Mn 組成がそれぞれ $x \leq 0.77$，$x \leq 0.86$ の範囲のものしか得られていなかった。しかし分子線エピタキシー(MBE)法により，全組成域 $0 \leq x \leq 1$ で閃亜鉛鉱型の結晶成長が実現されている。これは MBE など非熱平衡での結晶成長法が新物質合成の手段として有用であることを示しているものと言えよう。

3.3.1 結晶成長

II-VI族希薄磁性半導体の MBE 成長は，1980 年代半ばに (Cd, Mn)Te で行われたのが最初の例で，それ以降の活発な研究の嚆矢（こうし）となっている。II-VI族半導体の MBE 成長そのものは，蒸気圧の高い Hg 化合物を除いては，III-V族の場合と装置・技術に大きな差はないが，結晶成長の様式においていくつか異なる点がある[6]。一般に II-VI族化合物では，II族，VI族元素単体の蒸気圧は高く，それに比べて両者の化合物の蒸気圧は小さい。したがって，MBE 成長時の基板温度を適切に選ぶことにより，II族，VI族元素の分子線の

いずれの過剰雰囲気下でもそれらは単独には凝縮せず，化合物のみが安定に存在する条件下で成長させることができる．CdTe の場合では，基板温度 230〜360°C の範囲でこの条件が実現され，Cd と Te の分子線の供給量比のかなり広い範囲で成長する．

　成長表面の原子配列の構造は，Cd 過剰供給下と Te 過剰供給下の成長では異なることが，反射高エネルギー電子線回折（RHEED）像の観察により明らかになっている（p. 82，コラム参照）．[001] 方向の成長の場合，Te 過剰供給下では RHEED パターンは（2×1）を示し，Te 安定化面は Te の 1 原子層で覆われた表面であるのに対し，Cd 過剰供給下では $c(2 \times 2)$ と（2×1）の混合したパターンを示し，Cd 安定化面は Cd の半原子層で覆われた表面構造であることがわかっている[7]．

　(Cd, Mn)Te の成長は，Cd に加えて Mn の分子線も同時に供給することによって容易に行うことができるが，このとき成長表面への Mn の付着係数が Cd に比べて大きいということが重要である．図 3.3 に Cd 過剰供給下（(001)面）と Te 過剰供給下（(111)面）で CdTe，(Cd, Mn)Te を成長させた時の RHEED 輝度振動の様子を示す[8]．Cd 過剰供給下では Mn を添加しても成長速度は変わらないが，Te 過剰供給下では Mn の添加によって振動の周期が短くなり，成長が速くなっていることがわかる．このとき成長膜の Mn の組成 x は，前者の Cd 過剰供給下では Mn と Te の分子線量の比（Mn/Te）で決まるのに対し，後者の Te 過剰供給下では Mn と Cd の分子線量の比（Mn/(Cd＋Mn)）で決まっている[8]．

　II，VI 族の分子線を同時に供給して成長させる（狭い意味での）MBE 法に対し，II-VI 族化合物では II，VI 族の分子線を交互に供給し，原子層単位で成長を行う原子層エピタキシー（ALE）が可能である．CdTe(001)面の成長の場合，Cd と Te の分子線を交互に供給すると，成長表面は先に述べた MBE の場合と同じく Cd 安定化面と Te 安定化面の間で移り変わり，基板温度が 260〜290°C の範囲では 1 回のサイクルに対して半原子層ずつ成長する．この場合，成長は自己停止的であり，Cd あるいは Te の分子線の過剰な供給に対しても，1 サイクルあたりの成長膜厚は変化しない．それに対して，MnTe の場合は，Mn の分子線の過剰な供給に対し，成長は原子層単位で停止しない．

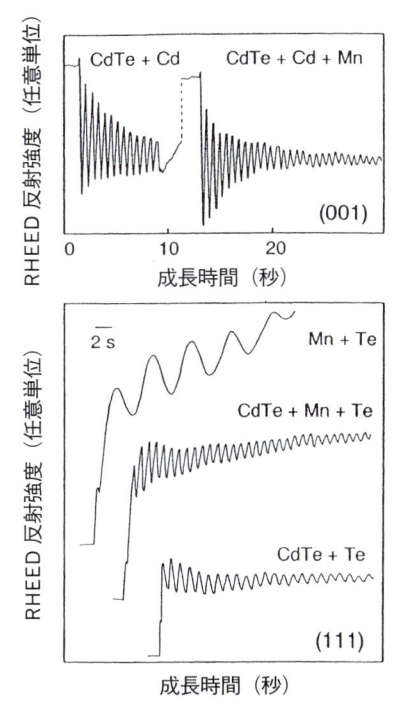

図 3.3 CdTe, $Cd_{1-x}Mn_xTe$ の MBE 成長における RHEED 輝度振動
上：Cd 過剰供給下での (100) 面の成長の場合。成長温度 T_S は 310℃で Mn 組成 $x=0.17$ である。CdTe, (Cd, Mn)Te いずれにおいても成長速度は 1.72 原子層 (ML)/秒 (s) で等しい。下：Te 過剰供給下での (111) 面の成長の場合。Mn 組成は $x=0.19$ である。Mn-Te, (Cd, Mn)Te, CdTe の成長速度はそれぞれ 0.20 ML/s, 1.06 ML/s, 0.87 ML/s である。文献 8 より転載。

このため，原子層単位で成長を制御するためには，1 回のサイクルでの Mn 分子線の供給量がちょうど 1 原子層分になるよう調節する必要がある。

3.3.2 ドーピング

希薄磁性半導体の母体となる II-VI 族半導体は，自己補償効果のためこれまで高濃度のドーピングが困難であるとされてきた。これは結合のイオン性が強いため，構成原子を価数の異なる原子で置換してキャリアを供給しようとしても，隣接するサイトの空孔生成などにより，反対価数の電荷が生じて補償してしまう現象のことである。しかし，近年の青色レーザの材料開発に伴う結晶成

長技術の進歩により,この困難さもある程度までは克服されつつある。II-VI族におけるドーピングには単極性と言われる性質があり,母体結晶の種類により,n型のドーピングは容易であるが,逆にp型は困難なもの(CdTe, ZnSeなど),その逆にp型は容易であるがn型は困難なもの(ZnTe)があることが知られている。

1 n型ドーピング

n型のドーピングは比較的研究例が多い。母体の二元化合物においては,VII族元素のCl, I(ヨウ素),III族元素のAl, Inなどをドーパントとして高濃度のドーピングが可能である。このうちどの元素が最適であるかは母体の化合物により異なるが,CdTeの場合,VII族ではI,III族ではAlを用いていずれも$10^{19}cm^{-3}$台の最高キャリア濃度が報告されている。一方,母体の二元化合物では高濃度ドーピングが可能であるのに対して,Mnとの混晶になるとドーパントの活性が大きく低下する。図3.4は,$Cd_{1-x}Mn_xTe$においてMn組成xの増加に伴う最高キャリア濃度の変化を示した1例である[9]。ドーパントがInとIの場合で値に差はあるが,いずれにおいてもMn組成の増加に伴い,到達キャリア濃度が減少していることがわかる。この原因について詳細な理解は得ら

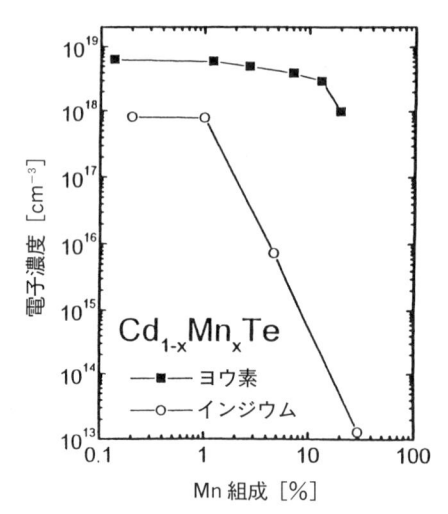

図3.4 MBE成長でInあるいはIを用いてドーピングしたn型$Cd_{1-x}Mn_xTe$薄膜における,Mn組成xとキャリア濃度の最高到達値(室温での値)との関係。文献9より転載。

れていない。

　2　p型ドーピング

　II-VI族希薄磁性半導体のp型ドーピングの研究例は少ない。母体の二元化合物へのp型ドーピングで近年成功を収めているのは，プラズマによって励起した活性窒素（N）によるドーピングである。このNのプラズマドーピングにより，p型ドーピングが容易なZnTeで～$10^{20}cm^{-3}$，p型ドーピングが困難とされるZnSe，CdTeにおいても$10^{18}cm^{-3}$台のキャリア濃度が達成されている。一方，Mnとの混晶ではn型の場合と同じくドーパントの活性は低下する。$Zn_{1-x}Mn_xTe:N$の例では，Mn組成xがx～0.04に増加すると，最大キャリア濃度は$3\times10^{19}cm^{-3}$程度に低下している。

3.3.3 物　性

　II-VI族半導体は高濃度のドーピングは容易ではないかわりに，逆に「半導体」としての性質を保ったままで磁性元素を導入できるので，光物性研究の対象として適しており，これまで希薄磁性半導体薄膜や非磁性半導体との超格子において，特有の磁気光学特性のさまざまな側面が明らかにされてきた。

　一方，電気伝導の研究は，磁気光学に遅れをとっていたが，近年のドーピング技術の進展によりさまざまな研究が行なわれるようになっている。特に最近では，CdTe/(Cd, Mn)Te，(Zn, Cd, Mn)Se/ZnSeなどのn型のヘテロ構造変調ドープ試料の作製が行われ，低温での磁気抵抗で整数量子ホール効果が観測されている。また，p型ドーピングの研究として興味が持たれるのは，高濃度ドーピング試料におけるキャリア誘起の強磁性転移であろう[5]。$Cd_{1-x}Mn_xTe$/(Cd, Mg, Zn)Te：N($x\leq0.02$～0.03)のヘテロ構造試料や$Zn_{1-x}Mn_xTe$：N($x\leq0.04$)の薄膜試料において強磁性転移が実際に観測されている。この強磁性転移はIII-V族希薄磁性半導体(Ga, Mn)Asなどと同様のメカニズムによるものと考えられているが，転移温度は3K程度の低温にとどまっている。

3.4　III-V族希薄磁性半導体の成長と物性

3.4.1　低温成長

　通常のGaAsやInPなどのIII-V族化合物半導体は非磁性である。希薄磁性

半導体ではsp-d交換相互作用によりバンドのキャリアと磁性スピンが相互作用し、半導体の電気的・光学的特性が外部磁場などに大きく依存するようにな

COLUMN 表面原子再配列とRHEEDパターン

　結晶成長中のRHEED観察により，結晶表面の原子配列を反映した回折像が得られるので，成長表面の「その場（＝in situ）」観察の手法として有力な手段である（第3.3.1項参照）。成長表面では不対電子によるダングリングボンドが生じ，それによるエネルギーの不安定化を抑制するために，結晶内部の原子配列とは異なる構造が現れる（表面再構成）。この表面での原子の再配列に伴う新たな周期性を反映して，RHEED像はさまざまなパターンを示す。本文中のCdTe(001)面の成長の場合，図C-1に示すようにTe安定化面はTeの1原子層で覆われており，表面のTe原子が2つずつ組になって（ダイマー），[$\bar{1}$10]方向に2倍周期の構造が生じていると考えられている[8]。その結果，[110]方向に電子線を入射させたRHEED像では，結晶格子の周期性を反映したストリークの中間に表面再配列による2倍構造のストリークが現れる。これが（2×1）構造と呼ばれるものである。一方，Cd安定化面はCdの半原子層で覆われており，[$\bar{1}$10]方向の2倍周期と[100]，[010]両方向の2倍周期の構造が混合して存在していると考えられており[7]，前者によりRHEED像の（2×1）パターンが，後者により[100]，[010]の双方向で2倍構造が現れる $c(2\times2)$ パターンが生じる。

表面原子配列 (Te安定化面)　　　RHEED像

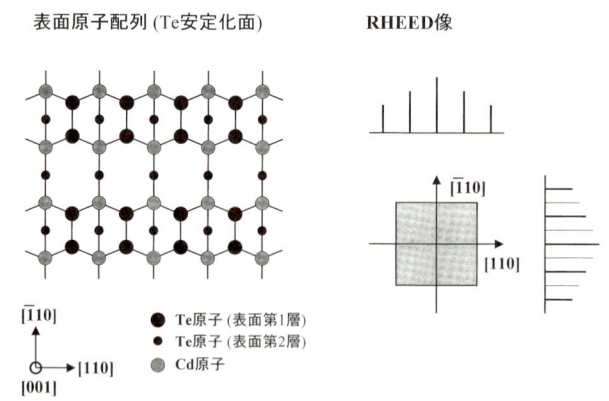

[$\bar{1}$10]
[110]
[001]

● Te原子 (表面第1層)
・ Te原子 (表面第2層)
● Cd原子

[$\bar{1}$10]
[110]

図C-1　CdTe(001)成長におけるTe安定化面の表面原子配列（左）とRHEEDパターンの模式図（右）〔文献8参照〕

るが,平均的な交換相互作用の大きさは磁性原子の濃度 x に比例する.このため,希薄磁性半導体に特徴的なさまざまな物性をIII-V族化合物半導体において発現させるには,少なくともパーセントオーダ(10^{20}cm^{-3})に近い磁性原子を導入しなければならない.ところが,III-V族化合物半導体中の磁性不純物の固溶度は一般に低いため,非平衡状態の成長方法によらなければこのようなことは実現できない.MBE法により通常の成長条件下でGaAsに磁性原子Mnをドープすると,10^{18}cm^{-3}程度以上のドーピングで表面状態が悪化する.これは,Mnの表面偏析によるものである.このように通常の成長条件では,GaAs中にMnを高濃度にドーピングすることは出来ない.

表面偏析を抑制するには,低い成長温度が有効である.すなわち成長温度を低温にすると,不純物原子の表面での滞在時間が長くなって取り込まれやすくなる結果,表面偏析する濃度を抑制することができる.また,低温成長は半導体構成原子と磁性原子(例えばGaAsとMnの組み合わせの場合はMnとAs)の反応を抑制することも期待される.しかし,あまり成長温度が低いとエピタキシャル成長が阻害され,多結晶が成長する.単結晶のエピタキシャル成長が実現するためには,表面偏析が抑制されて,かつエピタキシャル成長が可能な基板温度の範囲が存在するかどうかが問題となる.

300℃以下で成長した磁性不純物を含まないGaAsの特性は比較的よく調べられている.これは,低温成長GaAsが高い抵抗を有し,また光照射によるキャリアが非常に短い寿命をもつので,高抵抗バッファ層や超高速光伝導体としてテラヘルツ波の発生などに用いられつつあるためである.低温成長すると,深い不純物準位をもつAsのアンチサイト(GaサイトのAs)が増加し,これが高抵抗をもたらす.その後熱処理を行うと,Asのクラスターが析出しキャリア寿命がさらに減少する.

通常の温度(〜580℃)でGaAsを成長すると,RHEEDの輝度が振動する.このRHEED振動はGaAsの二次元核成長が生じているために生じ,振動の周期がGaAs 1モノレーヤ(ML)の成長時間に対応している[10].低温でGaAsを成長すると,Gaの拡散長が短くなるために二次元核密度が増加し,表面のステップ密度がほぼ一定になるため振動は消滅すると考えられてきた.実際,基板温度を下げていくと振動の振幅は急激に減少する.しかし,GaAsの

低温成長では，再び大きな輝度振動をもつ RHEED 振動が観察されることが明らかになった．低温における振動の起源についての定説はないが，ある As 分子線強度で振動振幅が最大になることから，過剰な As が表面を不活性化しており，その上を長い距離 Ga が拡散して，二次元核密度が減少することが考えられている．

3.4.2 (In, Mn)As の成長と物性

1989 年に，低温成長 MBE を用いると，高温成長では表面偏析する Mn を大量に InAs に取り込むことが可能であることが示された[11]．分子線源はすべて固体元素ソース（In, As, Mn）である．Mn は In を置換して III 族副格子を占めるので，この混晶は $(In_{1-x}, Mn_x)As$，あるいは単に (In, Mn)As と書かれる．

(In, Mn)As は，7％の格子定数差がある GaAs(100) 基板，あるいは GaAs 上に成長した InAs や GaSb などの (In, Mn)As とほぼ格子整合するバッファ層上に成長される．基板温度は，200～300℃である．通常の InAs の成長温度 500℃より遙かに低くないと Mn の偏析が生じる．(In, Mn)As の成長結果と組成 x，基板温度 T_s との関係を図 3.5 に示す．GaAs(100) 基板上に直接成長した場合には，基板温度によって相分離を起こさずに到達できる Mn の最大濃度が異なり，また伝導型も異なる．300℃付近では相分離しない組成範囲は $x < 0.03$ であり，成長層の伝導型は p 型であるが，200℃では $x < 0.24$ であって n 型である．その組成範囲を越えると，第 2 相として MnAs(NiAs 型結晶構造) が現れる．より格子整合した InAs や GaSb バッファ層上に成長した場合には n 型層が現れない．このことから，n 型伝導の起源は欠陥と推定される．

成長した (In, Mn)As の格子定数は，混晶が得られる範囲でほぼ組成に比例して変化し，$a = 0.606(1-x) + 0.601x$(nm) と表される．物性で最も特徴的な点は，p 型の試料で強磁性が出現することである．GaAs 基板上に成長した (In, Mn)As では，強磁性転移温度 T_c として 7.5 K が観測されている．また，(Al, Ga)Sb 上や GaSb 上に成長した (In, Mn)As 薄膜（<20 nm）では，最大 35 K の強磁性転移温度が得られている．きわめて薄い膜でも，異常ホール効果を用いて電気伝導より磁性をプローブすることができるのも特徴であ

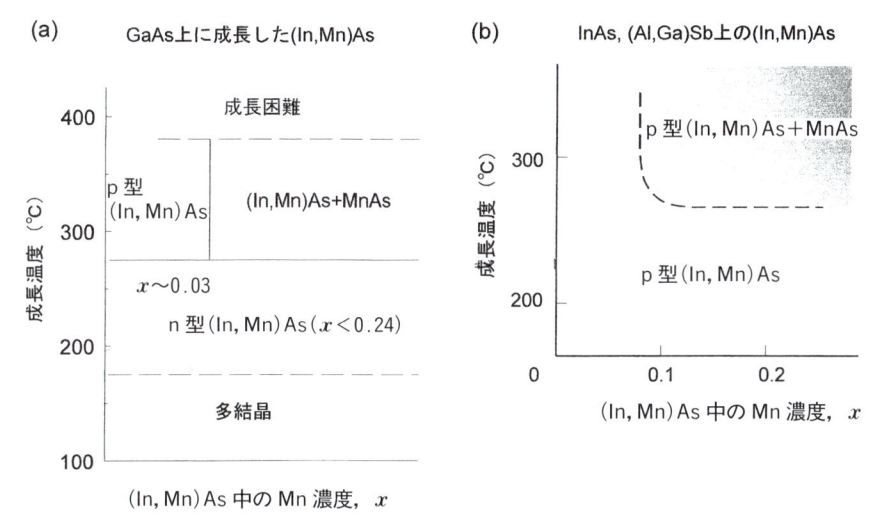

図 3.5 (In, Mn)As の成長結果と組成 x, 基板温度 T_s との関係
（a）GaAs 基板上に成長した場合，（b）InAs あるいは (Al, Ga)Sb バッファ層上に成長した場合。

る。試料の歪みや成長条件によって，超常磁性になったり面に垂直に磁化容易軸を持つ強磁性になったりする。また (In, Mn)As ヘテロ構造で光誘起磁化が観測されている。

3.4.3 (Ga, Mn)As の成長と物性

代表的な化合物半導体である GaAs と Mn の混晶 (Ga, Mn)As の成長は，(In, Mn)As に遅れて成功した[12]。やはり 300℃以下の低温成長が重要である。

図 3.6 に GaAs(001) 面上に成長した (Ga, Mn)As の成長の際に観測された [$\bar{1}$10] 方向の RHEED 像を示す。通常の温度（680℃>T_s>550℃）で成長した GaAs 表面は，成長終了後（2×4）の As 安定化面を示す。その後 As を照射し続けたまま基板温度を下げると As 過剰の $c(4 \times 4)$ を示す（図 3.6(a)，バルクのストリークの中間に超構造によるストリークが見える）。その後，基板温度 250℃において GaAs の成長を開始すると，表面再構成のない (1×1) に変わる（図 3.6(b））。さらに Mn 分子線源のシャッタを開けて数%オーダの Mn を添加すると図 3.6(c) に示す（1×2）が得られる。図(c)のよ

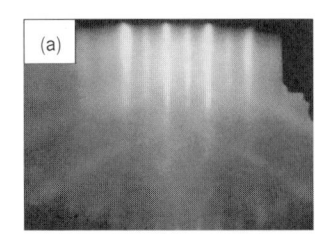

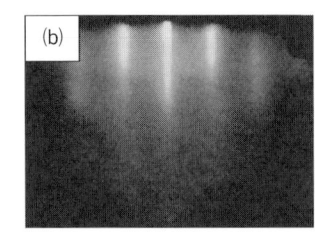

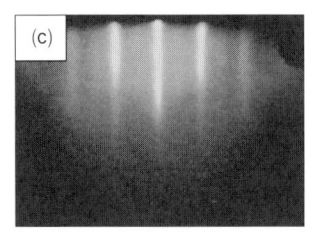

図3.6 GaAs および (Ga, Mn)As 表面の $[\overline{1}10]$ 方向から見た RHEED パターン
(a) 高温 (high temperature, HT) 成長 GaAs の温度を 250°C まで下げたときに見られる $c(4\times4)$ パターン。(b) その上に 250°C の低温 (low temperature, LT) で成長した GaAs の (1×1) パターン。(c) 同じ 250°C で成長した (Ga, Mn)As に見られる (1×2) パターン。

うにストリークな RHEED 像は，(Ga, Mn)As が結晶としてエピタキシャル成長していることを示していて，原子レベルの凹凸はあるものの，表面はおおむね平坦であり，島状成長が生じていない。バルクの 2 倍の周期構造がどのような表面構造に基づくものかは明らかになっていない。

(Ga, Mn)As の成長条件と成長層の特性の関係を図 3.7 にまとめた。Mn 濃度が臨界濃度を超えたとき，あるいは基板温度が高すぎたときには，NiAs 型の MnAs に起因するスポット状の RHEED パターンが観測される。NiAs 型結晶構造の MnAs はキュリー点 310 K の強磁性体である。RHEED 像がスポット状になっていることから，島状成長をしていることがわかる。この領域が図 3.7 の成長困難領域である。基板温度 250°C 前後，Mn 濃度 1～7 % がもっとも一般的な成長条件である。Mn 濃度は 7～8 % が均一に取り込まれる最大濃度であり，それ以上では表面に MnAs が析出する。基板温度が低すぎると，

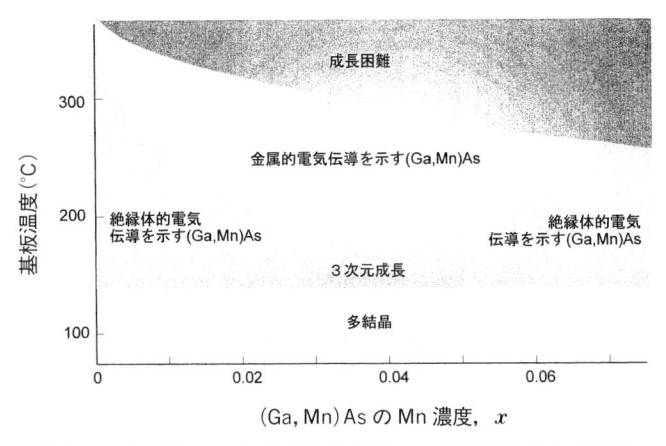

図3.7 (Ga, Mn)As の成長結果と組成 x, 基板温度 T_s との関係

(Ga, Mn)As の島状成長を示すスポット像が観測され，そのまま成長を継続すると，多結晶の成長を示すリング状の像に変化する（図3.7の多結晶領域）。

格子定数は組成に比例し，$a = 0.566(1-x) + 0.598x$(nm) と表せる。$x = 1$ のときの格子定数は，仮想的な閃亜鉛鉱型の MnAs の格子定数を表すものと考えられ，(In, Mn)As から外挿した点と良い一致を示す。

(Ga, Mn)As は準安定状態にあるため，熱処理をすると MnAs のクラスターが析出する。強磁性体である MnAs の微少なクラスターを，このような手法で析出させて研究することも行われている。(Ga, Mn)As と GaAs, (Al, Ga)As を組み合わせて磁性/非磁性半導体のヘテロ構造・超格子の成長も報告されている。ただこのような構造を成長する上での問題点は，(Ga, Mn)As の相分離が低温で生じるため，いったん (Ga, Mn)As を成長すると，その後基板温度を上げられない点にある。

このように成長した (Ga, Mn)As は，p 型であり低温で (In, Mn)As 同様に強磁性を示す。図3.8に Mn 組成と強磁性転移温度との関係を示す。現在までのところ最大の強磁性転移温度として 110 K が Mn 組成 5 ％で得られている。初めのうち組成の増加に伴いほぼ組成に比例して増大するが，約5％の組成で最大となり，その後減少する。この原因については良くわかっていない。また (Ga, Mn)As の磁化容易軸は (In, Mn)As と異なり面内にある。これは歪みの

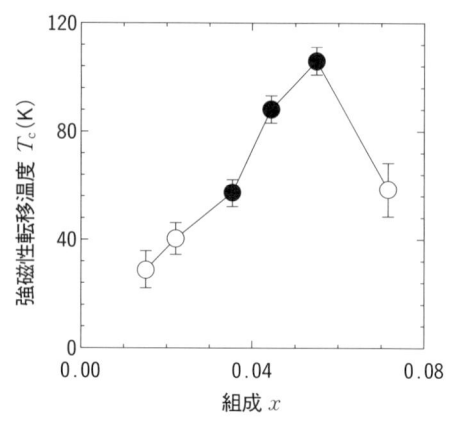

図 3.8 (Ga, Mn) As の強磁性転移温度 T_C と組成 x の関係
白丸は絶縁体的電気伝導，黒丸は金属的電気伝導を示す。

方向が逆になっているためである。格子定数が (Ga, Mn) As より大きい (In, Ga) As バッファ層上に (Ga, Mn) As を成長し，引っ張り歪みを成長層に入れると磁化容易軸を垂直方向にすること出来る。

3.5 IV-VI族希薄磁性半導体の成長と物性

IV-VI族半導体は，IV族元素 Ge, Sn, Pb およびVI族元素 S, Se, Te との間の化合物であり，バンドギャップが中赤外域にあるナローギャップ半導体であるため，赤外領域の発光・検出材料として古くから研究されてきた。平均価数が5となるため構造的に不安定性を有し，(Pb, Ge) Te などでは構造相転移が見られるほか，高い比誘電率，フォノンのソフト化現象などの特徴を持つ。また，結合のイオン性が強いため岩塩型（NaCl 型）の結晶構造をとるものが多い。IV-VI族希薄磁性半導体は，このIV族サイトを Mn, Eu, Yb, Gd などで置換することによって得られるが，(Pb, Mn) X，(Pb, Eu) X (X=S, Se, Te) など Pb カルコゲナイドの Mn, Eu 混晶が最も良く研究されている。Pb カルコゲナイドと Eu との混晶の場合，Eu カルコゲナイドも同じ岩塩型構造であり，PbTe-EuTe などでは全組成域で固溶可能であるが，Mn 混晶の場合は，Mn 組成 $x \lesssim 0.1$ の範囲で岩塩型構造の単結晶が得られている。

3.5 IV-VI族希薄磁性半導体の成長と物性

3.5.1 結晶成長

IV-VI族半導体のエピタキシャル成長法は，MBE による成長の他に，ホットウォール法による成長[13]がよく行われている。ホットウォールエピタキシー (Hot Wall Epitaxy：HWE) とは，MBE と同じく真空蒸着法の一種である。MBE の場合は原料セルから供給された分子線は中途で残留ガスなどに妨げられることなく，フラックスとして基板に到達するのに対し，HWE では原料の分子はホットウォール（「熱い壁」）と呼ばれる加熱された壁面で囲まれた閉管中で，その温度で決まる熱平衡に近い状態を経由して基板上に到達し，エピタキシャルに成長する。図3.9に装置の例を示す。上からヘッド（基板装着），ウォール（熱い壁），ソース（蒸発源）およびリザーバー（化学量論的補償あるいは不純物の蒸発源）の各部からなる。混晶半導体を成長させる場合，原料は2つ（あるいはそれ以上）のソース部から供給され，その供給量比により組成を制御する。ソースおよびリザーバーから供給された分子は，高温のウォール部内壁との衝突を繰り返し混合され，基板表面に到達する。このときヘッド部の温度はウォールに比べて低温であるが，基板の成長表面はウォール部からの輻射熱により熱せられており，分子は成長表面で吸着・再蒸発を繰り返しながらエピタキシャルに成長する。このとき原料分子がソースから基板に至る経路は，ウォールによって囲まれており外部への散逸が少ないため，原料分子の

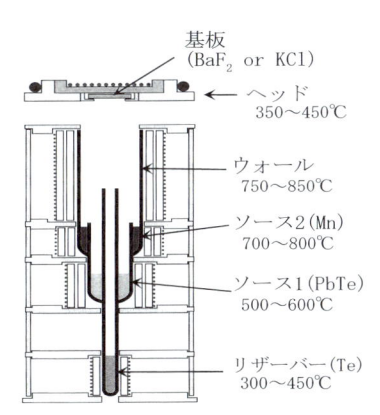

図3.9 ホットウォール炉の断面図
(Pb, Mn)Te 成長の場合の各部の温度を示す。

基板 (BaF$_2$ or KCl)
ヘッド 350～450℃
ウォール 750～850℃
ソース2 (Mn) 700～800℃
ソース1 (PbTe) 500～600℃
リザーバー (Te) 300～450℃

高い分圧での供給により，MBEに比べて速い成長速度での結晶成長が可能である。

IV-VI族希薄磁性半導体のHWE成長の1例として，(Pb, Mn)Teの成長について説明する。成長時のHW炉の各部の典型的な温度は図3.9中に示した値であり，この条件下での成長速度は2～3 μm/h程度である。Mn組成 x は，Mnソースの温度を変化させることで $x \lesssim 0.1$ の範囲で制御できる。リザーバーのTeは，結晶のストイキオメトリー制御のためで，これによりキャリアの型および濃度を制御することができる。

超格子構造は，図3.9のホットウォール炉を2つ並べて設置し，ヘッド部分が2つの炉の上を移動して交互に成長させることにより作製することができる。この場合，MBEにおけるような原子層単位での制御は困難であるが，各々の炉での成長時間を秒単位で切り替えることで，層厚が数Åオーダの超格子の作製が可能である。その際，ヘッド部分を1つの炉から他方の炉に移動させるときに，中間の位置で停止して成長中断の時間を設けることにより，一種のアニール効果により結晶性が改善されることが報告されている[13]。

HWEは，MBEほどの超高真空を必要としないため，装置コストの点で有利であり，特に蒸気圧の高い物質の成長に適している。

3.5.2 物　性

IV-VI族半導体は，伝導帯の底，価電子帯の頂上とも L 点にあるため，バンド構造の異方性が大きい。このため，IV-VI族の希薄磁性半導体における巨大ゼーマン分裂の様子は，等方的なバンドを持つII-VI族の場合に比べて複雑となるが，その交換相互作用の大きさはII-VI族の場合より総じて小さい。

IV-VI族希薄磁性半導体の物性のなかで特筆すべき最も顕著なものは，主としてバルク結晶での研究ではあるが，$Pb_{1-x-y}Sn_xMn_yTe$ ($x = 0.64$～0.72，$y = 0.03$～0.12)で観測されているキャリア誘起強磁性の発現であろう。強磁性は正孔濃度がおよそ 2×10^{20}cm^{-3} 以上で発現し，転移温度はMn組成 $y = 0.12$ のとき最高で33Kに達する。このキャリア誘起強磁性はRKKY相互作用の枠組で理解されている。

3.6 希薄磁性半導体ナノ構造の成長

希薄磁性半導体のナノ構造では，電子・正孔の存在する空間を限定することにより，新たな磁気光学特性が発現する可能性がある。ナノ構造のサイズが電子・正孔の波動関数の広がりと同程度まで小さくなった場合，電子・正孔の量子閉じ込めに伴い，交換相互作用の大きさや磁気ポーラロン形成の状態が三次元のバルクとは異なることが予想されており，このようなナノ構造の作製・研究が現在行われつつある。

3.6.1 II-VI族希薄磁性半導体ナノ構造

II-VI族半導体における自己組織化ドットは，CdSe/ZnSe や CdTe/ZnTe などの組み合わせで行われている。これらの格子不整合割合はそれぞれ 7.2，6.2％とIII-V族の InAs/GaAs の場合とほぼ同じで，同様のメカニズムによるドットの島状成長が報告されている。これに Mn を導入した希薄磁性半導体の自己組織化ドットの作製も最近になって行われ始めており，ここでは (Cd, Mn)Te/ZnTe の例[14]を紹介する。

ZnTe(100)面上に (Cd, Mn)Te を原子層エピタキシー〔Cd(+Mn) と Te の分子線を交互に照射する〕で 3.5 原子層（ML）積層した表面でドットの成長が確認されている。Mn 組成 10％以下の範囲で，サイズは直径 20 nm 程度，高さ 3 nm 程度で，密度 10^{10}〜10^{11}cm^{-2}のドットが得られている。Mn 組成が 10％以上に増大すると，ドットの密度は急激に減少し，さらに Mn 組成が増えるとドットは全く成長しなくなる。このような Mn 組成による変化は，3.3.1 項で述べた Cd と Mn 原子の表面への付着係数の差によるものと考えられている。(Cd, Mn)Te ドット表面を ZnTe 層で覆った埋め込み型のドット試料の磁気光学特性の研究も行われており，ドットに束縛された零次元励起子における磁気ポーラロン形成の効果について議論されている[14]。

3.6.2 III-V族希薄磁性半導体ナノ構造

III-V族希薄磁性半導体を用いた，ナノ構造の自己組織化についてはまだ端緒についたばかりであり，(In, Mn)As/GaAs 系が報告されているだけである。

InAs/GaAs は，InAs ドットが歪みにより自己組織化される標準的な系であり，その InAs に Mn を導入した (In, Mn) As も同様に形成可能と思われるが，実際には均一なドットを形成するには表面拡散長をある程度確保しなくてはならず，比較的高い基板温度での成長が要求される．

しかし，(In, Mn) As は低温で成長しなければ形成できないので，この両方の要求を同時に満たすのは困難である．このため，現状では不規則な島状構造が連続するものしか得られていない．物性については調べられていない．

3.7 磁性体/半導体構造のエピタキシャル成長

半導体上の金属のエピタキシャル成長は，MBE 法で多く実現されている．磁性金属と半導体のエピタキシャル構造も磁性金属を半導体上にエピタキシャル成長させた例が多く報告されている[15]．GaAs 上のエピタキシャル成長を見ると，磁性金属の Fe や金属間化合物の MnAl，あるいは半金属 ErAs，最近では強磁性金属 MnAs や MnSb などもエピタキシャル成長されている．このように結晶構造が異なる物質のエピタキシャル成長では，結晶のエピタキシャル関係が表面構造に敏感である．例えば MnAs/GaAs(001) では，表面が c (4×4) かより乱れた d(4×4) かによってエピタキシャル関係が異なる．

このように成長した磁性金属の上にさらに平坦に半導体を成長することは，一般に"ぬれ"の問題があり困難である．これまでに成功した例としては，GaAs と格子整合する (Sc, Er) As を用いて GaAs/(Sc, Er) As/GaAs 構造を GaAs(n11) 基板上に成長した例 ($n = 1\sim7$)，Mn をサーファクタントとして AlAs/ErAs/AlAs 構造を (001)GaAs 上に成長させ共鳴トンネル構造を室温で観測した例，さらには GaAs を MnGa，MnAs 上に成長した例などがある．このように，従来は困難と思われてきた金属上のエピタキシーも表面自由エネルギーを制御することにより徐々に可能となりつつある．例えば"ぬれ"を逆に悪くして，粒状の MnSb 微粒子を GaAs 上に形成し，大きな磁気抵抗効果を見出した例もある．

文　献

1) 代表的なレビューとして，J. K. Furdyna：*J. Appl. Phys.*, **64**, R29 (1988).

文献

2) 同じくレビューとして，*Semiconductors and Semimetals*, vol.25, *Diluted Magnetic Semiconductors*, edited by J. K. Furdyna and J. Kossut (Academic Press, Boston, 1988).
3) J. A. Gaj, 文献 2 Chap.7 "Magnetooptical Properties", p.275.
4) 例えば，S. Oseroff and P. H. Keesom 文献 2 Chap.3 "Magnetic Properties：Macroscopic Studies" p.73 参照
5) T. Dietl, J. Cibert, P. Kossacki, D. Ferrand, S. Tatarenko, A. Wasiela, Y. Merle d'Aubigne, F. Matsukura, N. Akiba, H. Ohno：*Physica* E, **7**, 967 (2000).
6) ワイドギャップⅡ-Ⅵ族半導体の MBE 成長については，八百隆文著「分子線エピタキシー」(権田俊一編著，培風館 1994 年) 第 7 章「Ⅱ-Ⅵ族化合物半導体の MBE」p.184 を参照．
7) S. Tatarenko, F. Bassani, J. C. Klein, K. Saminadayar, J. Cibert and V. H. Etgens：*J. Vac. Sci. Technol.*, A **12**, 140 (1994).
8) C. Bodin, J. Cibert, W. Grieshaber, Le Si Dang, F. Marcenat, A. Wasiela, P. H. Jouneau, G. Feuillet, D. Herve and E. Molva：*J. Appl. Phys.*, **77**, 1069 (1995).
9) G. Karczewski, J. Jaroszyński, M. Kutrowski, A. Barcz, T. Wojtowicz and J. Kossut：*Acta Phys. Pol.* A. **92**, 829 (1997).
10) 例えば，西永頌，田中雅明「分子線エピタキシー」(権田俊一編著，培風館 1994 年) 第 2 章「固体ソース MBE―装置と成長基礎過程―」p.14 を参照．
11) 大野英男，宗片比呂夫：固体物理，**28**，291（1993）．
12) 松倉文礼，大野英男：固体物理，**32**，47（1997），および大野英男著「半導体結晶成長」(大野英男編著，コロナ社 1999 年) 第 5 章「Ⅲ-Ⅴ族希薄磁性半導体の結晶成長と物性」p.91．
13) 藤安洋，邑瀬和生：固体物理，**21**，469（1986）．
14) S. Kuroda, Y. Terai, K. Takita, T. Takamasu, G. Kido, N. Hasegawa, T. Kuroda and F. Minami：*J. Cryst. Growth*, **214/215**, 140 (2000).
15) 例えば，田中雅明：応用物理，**66**，132（1997）．

4 超LSI周辺におけるエピタキシャル

Si 超大規模集積回路（Ultra-Large Scale Integrated Circuit：ULSI, あるいは超LSI）においては，半導体を始めとして，金属，絶縁物の各種の薄膜が用いられている。用いられるそれらの薄膜には，単結晶膜（エピタキシャル成長膜）に限らず多結晶膜やアモルファス（非晶質）膜もあるが，Si 上への金属や絶縁物のエピタキシャル成長膜が最近話題となっている。その一つは，コンタクト部に用いられているシリサイド膜であり，もう一つは超 LSI としては比較的新しい材料である強誘電体あるいは高誘電率膜である。後者は，トランジスタのゲート絶縁膜としての応用が考えられている。また，実際にはエピタキシャル成長ではないが，極めて大きな結晶粒径を持った Si 薄膜の成長も重要である。これは，絶縁膜上での多結晶 Si 膜の再結晶化や成長時の核生成を制御することによって形成され，SOI（Silicon-on-Insulator）構造の超LSI 用基板や薄膜トランジスタ（Thin Film Transistor：TFT）としての応用が考えられている。

　本章では，シリサイドの固相成長や多結晶 Si 膜の再結晶化，アモルファス基板上での核形成制御，強誘電体薄膜のエピタキシャル成長と，それらの応用について述べる。

4.1　シリサイド化固相成長

　多くの金属は Si と反応してシリサイドを形成する。ほとんどのシリサイドは金属的な性質を持つが，$FeSi_2$ のように半導体となる物質も存在する。シリ

サイドは，ULSI のゲート電極やオーミック電極として必須の材料であり，これらの用途には低抵抗の遷移金属シリサイド（例えば，$TiSi_2$ や $CoSi_2$）が用いられている。ULSI では，シリサイドは金属/半導体積層構造の界面固相反応により形成される。本節では，固相成長による遷移金属シリサイドの形成とその ULSI への応用について述べる。

4.1.1 シリサイドの性質と固相成長[1,2)]

シリサイドの性質や電子状態は，生成熱や d 電子数などの種々の観点から議論され，また最近では密度汎関数を用いた界面の電子状態の計算も行われている。図 4.1 に，シリサイドの生成熱と n 型 Si に対するショットキー障壁高さの関係を示す。生成熱とは，1 mol の物質が形成される場合の反応熱（反応前後の物質が持つエンタルピーの差）であり，負の値はその反応が発熱反応であることを示している。すなわち，Ti および Zr の disilicide（MSi_2：M は金属）の生成熱は，Co や Ni のシリサイドに比較して負に大きく，シリサイドを形成してより安定化する。一方，半導体とシリサイドが接した場合に界面に形成されるショットキー障壁高さは，負に大きい生成熱を持つ材料ほど低くなることが分かる。このような対応は，d 電子数との関係で議論されている。また，この図より，高融点金属シリサイドのショットキー障壁高さは 0.55 eV 前後であり，n 型および p 型 Si の両者に対して低いコンタクト抵抗が得られる

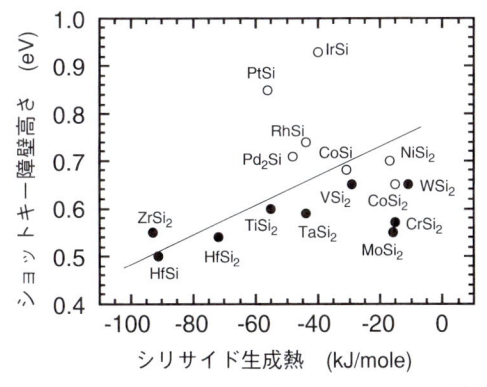

図 4.1 シリサイドの生成熱と n 型 Si に対するショットキー障壁高さの関係

可能性がある。

　TiやZr，Hfの特徴の1つは，Si表面上の自然酸化膜を還元する能力が期待できる点である．図4.2は，高融点金属酸化物とSiO_2の生成熱を示している．SiO_2よりも負に大きい生成熱を持つ金属は，SiO_2を還元する能力があることが期待できる．ただし，これらの還元性の強い金属は逆に酸化しやすく，酸素の固溶度が大きいという問題もある．したがって，金属膜の形成時の酸素分圧には充分留意する必要がある．逆に，WやMoではSiO_2の還元能力があまり期待できないために，良好な金属/Si界面を得るためには，自然酸化膜(SiO_2)の形成を抑制する表面清浄化技術が不可欠と予想される．近年，表面清浄化技術として，Si表面の未結合手を水素で終端する方法が注目されている．

　一般的なシリサイド形成過程を図4.3に模式的に示す．金属/Si界面でのシリサイドの成長速度は，熱処理時間をtとすると，$t^{1/2}$に比例する場合とtに比例する場合がある．前者は成長が金属あるいはSi原子の拡散により律速される場合であり，後者は成長が界面反応により律速される場合である．Ti，Zr，Hfなどでは，シリサイド化反応は主にSi原子のシリサイド膜中への拡散により律速される．一方，Co，Niなどでは形成過程はより複雑であるが，金属原子の拡散もシリサイド形成に重要な役割を果たしていることが知られている．報告されているCoシリサイドの形成過程をまとめたものを図4.4に示

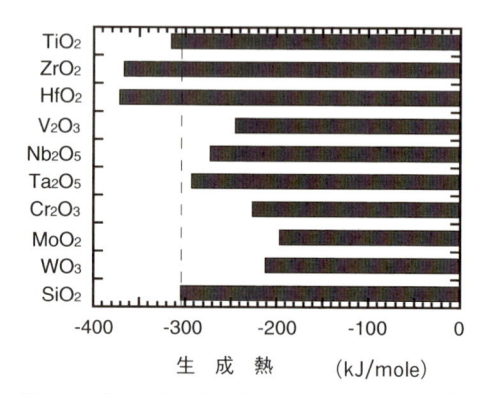

図4.2　高融点金属酸化物とSiO_2の生成熱の比較
Ti，ZrおよびHfの酸化物の生成熱がSiO_2よりも負に大きい値を持つ．

4.1 シリサイド化固相成長

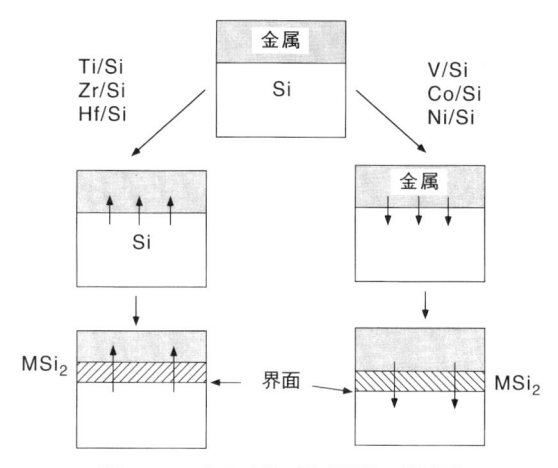

図4.3 シリサイドの形成過程の模式図
拡散律速でシリサイドが形成される場合，主な拡散種がSi原子である場合と金属原子である場合がある。

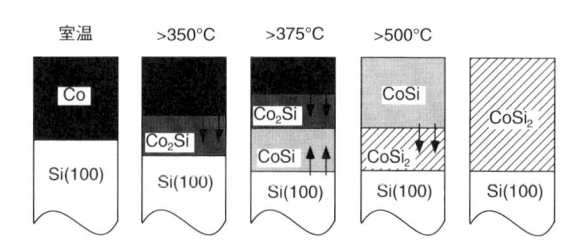

図4.4 Co/Si(100)界面におけるシリサイド形成過程の模式図
熱処理温度の上昇と共にSiリッチなシリサイドが形成される。

す。Co/Si界面においては，350℃程度の熱処理により界面に金属リッチな Co_2Si 膜が形成され，その成長は膜中へのCo原子の拡散によって律速される。熱処理温度の上昇と共に，界面にはSiリッチなシリサイドが形成されるが，CoSiの形成時には基板からのSi原子の拡散により，一方，$CoSi_2$ の形成ではCoSiからのCo原子の拡散により，成長が支配されることが報告されている。Siが拡散種である金属では，シリサイド膜中にSiが拡散するために，Siと接しているコンタクト領域の周辺部にまでシリサイドが形成され易く，それに対して金属原子が拡散種の場合には，Si基板側にCo原子が拡散することになるため，シリサイドがコンタクト周辺部に広がらないという利点がある。一方，

これらの金属ではシリサイド形成温度が低く，Si中での拡散係数も大きいという問題がある．

界面に形成される欠陥の種類もこのような拡散種や反応機構によって異なる．すなわち，Siが拡散種である場合にはSiの空孔がSi基板中に形成され，金属が拡散種である場合には金属原子が基板中でトラップ準位を形成する．金属/Siコンタクト界面に形成されるこのような欠陥は，リーク電流やpn接合の破壊などの原因となる．Si空孔の発生は，基板不純物原子や金属原子の異常拡散を引き起こす可能性も考えられる．特に，コンタクト孔周辺部などでは，大きな応力が存在すると考えられるため，このような箇所での固相反応や欠陥の挙動を明らかにすることが重要である．

熱処理による金属/Si界面の構造変化を，図4.5に模式的に示す．電子ビーム蒸着法により形成した金属膜は，as-depositedの状態ではアモルファス層中に金属の微結晶粒が存在する状態となっているが，400〜600℃の熱処理温度領域において界面にアモルファスシリサイド層が形成される．さらに熱処理温度が上昇すると，界面には不均一なシリサイド結晶層が成長する．図4.6(a)

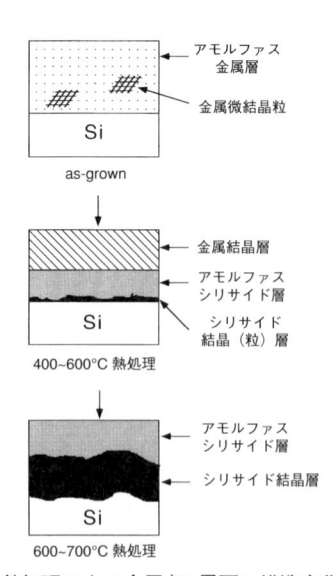

図4.5　熱処理による金属/Si界面の構造変化の模式図

400〜600℃熱処理により，界面にアモルファスシリサイド層とシリサイド結晶層が形成される．

4.1 シリサイド化固相成長

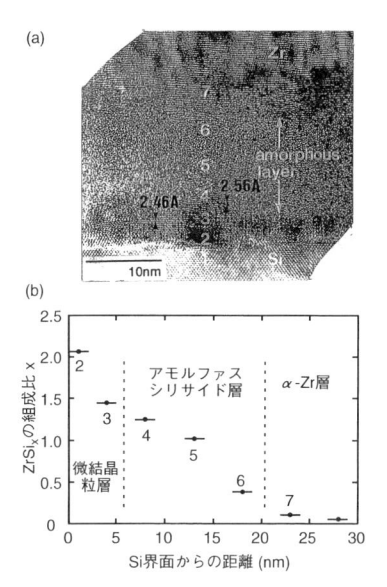

(a)

(b)

図 4.6 420°C 熱処理された Zr/Si(100) 界面の(a)断面 HRTEM 像と(b)エネルギー分散 X 線分析による界面の組成分布
$2\,\mathrm{nm}\phi$ の電子ビームによる分析位置が数字で示されている。

に，420°C で 30 分間熱処理を行った場合の Zr/Si (100) 界面の試料断面の高分解能電子顕微鏡 (High Resolution TEM：HRTEM) 像を示す．この系を 420°C で熱処理すると，最上層は α-Zr の結晶層となり，界面近傍に約 10〜20 nm のアモルファスシリサイド層が形成される．また，アモルファスシリサイド層と Si 基板との界面には微結晶粒が存在するが，界面は比較的平坦であることが特徴的である．微結晶粒の格子面間隔より，界面には $ZrSi_2$ の微結晶粒が形成されていると考えられる．図 4.6(b) に，直径約 2 nm のマイクロプローブを用いたエネルギー分散 X 線分光 (Energy Dispersive X-Ray Spectroscopy：EDS) による組成分析結果を示す．界面近傍の結晶粒の組成はほぼ $ZrSi_2$ であるが，アモルファス領域は濃度勾配を持った Si 拡散層であることが分かる．また，アモルファス層と上層の Zr 層の間には，Zr_5Si_3 と考えられる微結晶粒も確認できる．すなわち，この系では，Si が拡散種であるため，基板から Si が拡散してアモルファス層が形成されたと考えることができる（次頁コラム参照）．熱処理温度が 560°C になると，基板から充分な Si が供給され

COLUMN　アモルファス相の形成

　固相反応により低温でアモルファス相が形成されることは，"solid-state amorphization"として知られており，Rh/Si系で初めて見い出された。その後，金属/金属，金属/Si，金属/化合物半導体系など幾つかの異なった系で観察されており，この現象が一般的であることが分かる。SchwarzとJohnson[3)]は，Au/La系の自由エネルギーとアモルファス相の組成の関係を議論し，アモルファス相の形成には，どちらかの元素が低温で大きな拡散係数を持つことと混合の自由エネルギーが負に大きいことが必要であることを示した。すなわち，混合の自由エネルギーが負に大きければ，物理的に接触している状態よりは混合した状態の方が安定であるために，どちらかの元素が拡散してアモルファス層を形成する。しかし，拡散種は基板あるいは金属膜から供給されるために，アモルファス層内部には濃度勾配ができる。しかも，多くの遷移金属の平衡状態図では，金属とSiが1:1組成のMSiが最も結晶化温度が高い。したがって，上述のZr-Si系において結晶化が進行する際には，Si基板側と金属膜側に結晶化温度の低い$ZrSi_2$とZr_5Si_3がそれぞれ現れ，結晶化温度の高いZrSiはアモルファス状態のまま残されると考えられる。ただし，このような議論はあくまでも平衡状態図からの類推であり，実際の界面においては応力や不純物などの存在，あるいはシリサイド中の拡散現象により反応が大きく支配される可能性がある。

て$ZrSi_2$結晶粒が成長すると共に，アモルファス層が上層部にまで広がる。以上のように，固相反応によるシリサイド膜の形成では，400〜600℃の比較的低温においてアモルファス相が形成されることが特徴的である。

4.1.2　シリサイドのエピタキシャル成長

　シリサイドの中には，Si基板上にエピタキシャル成長するものがあることが知られている。例えば，Si(100)面上には$CoSi_2$や$NiSi_2$が，Si(111)面上にはPtSiやPd_2Si，$NiSi_2$，$CoSi_2$，$CrSi_2$などがエピタキシャル成長する。また，Hf/Si(100)系では，400から600℃の熱処理により界面に金属リッチなHf_3Si_2がエピタキシャル成長することも見い出されている。エピタキシャル成長するためには，Siと格子整合する必要がある。図4.7に各種シリサイドとSiの格子不整合割合を示している。これらの中でも，$CoSi_2$はSiとの格子不

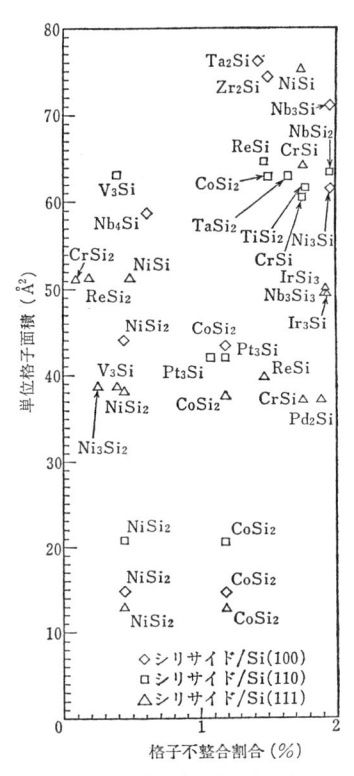

図4.7 各種シリサイドとSi(100), (110), (111)面との格子不整合割合

整合が約1.2％と比較的小さく，しかも耐熱性という点において他の材料よりも優れているため，三次元構造素子やULSIコンタクトへの応用という観点から，エピタキシャル成長過程の研究や成長技術の開発が最近盛んに行われている。

次に，$CoSi_2$のエピタキシャル成長の初期過程について述べる[4]。Si(100)清浄面上にCo膜を堆積後に熱処理を行って$CoSi_2$を形成する場合，ある膜厚以上では多結晶的な膜が形成され，数ML (monolayer)以下の薄いCo膜ではエピタキシャル成長することが分かっている。図4.8(a)は，Si(100)清浄表面上に形成した$CoSi_2$膜の典型的な走査トンネル顕微鏡（STM）像であり，図4.8(b)にそのラインプロファイルを示す。超高真空中において，清浄表面上に約3MLのCo膜を堆積し，530℃で熱処理を行って$CoSi_2$を形成した。

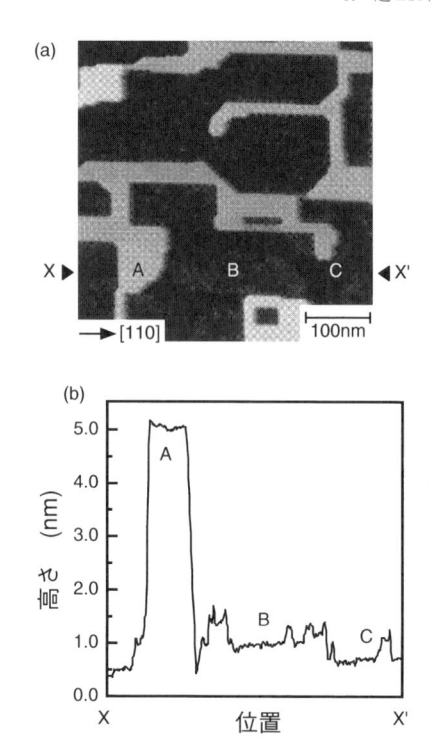

図4.8 530℃熱処理された3 ML-Co/Si(100)表面の(a)STM像と(b)ラインプロファイル
表面にA,B,Cの3つの領域が存在することが分かる。

STM像から,A,B,Cで示した3つの領域が観察できることが分かる。Aの領域は,{110}と{100}面で囲まれた細長い三次元成長島が融合した形状をしており,その平均高さは3 MLのCoがSiと均一に反応した場合に形成される$CoSi_2$膜厚の3〜4倍となっている。Bの領域は,比較的二次元的な領域である。また,Cの領域はSi基板表面が露出した領域(ピンホール領域)であり,二次元領域との境界面は$CoSi_2$ {110}面と考えられる。高分解能STM観察の結果,Aの三次元島とBの二次元領域の表面には,0.54×0.54 nm^2の単位胞を持つ$(\sqrt{2} \times \sqrt{2})$ R 45超周期構造が形成されていることが分かっており,$CoSi_2(100)$のSi面上に0.5 MLのSiが偏析してできる再配列構造を持っていると考えられる。また,STM観察の結果から求めたAとB領域の総

体積は，3 ML の Co から形成される体積をほぼ保存している。すなわち，図4.8(a)の構造は，$CoSi_2$ が二次元領域の上で凝集し，三次元島が形成されたと考えられる。Ge/Si 系のような格子不整合のあるヘテロエピタキシャル成長においては，二次元層の上に歪み緩和した三次元島が成長する Stranski-Krastanov 型（S-K モード）の成長様式をとることが知られている。図4.8の観察結果は，$CoSi_2$/Si の固相成長の場合も成長様式は S-K モードに近い可能性を示しているとも考えられるが，この系の成長は Si 表面の欠陥や不純物などの影響により，成長膜のモフォロジーが大きく変化することが報告されており，成長機構の詳細については必ずしもよく分かっていない。

歪みを伴ったヘテロエピタキシャル成長の場合には，三次元島の体積がある臨界点を越えると，等方的な形状から異方性を持った島形状へと変化することが報告されており[5]，この臨界の島の大きさが表面および界面エネルギーと基板およびエピタキシャル層の弾性的な変形に起因した三次元島による歪み緩和の兼ね合いで決定されると考えられている。$CoSi_2$ の固相成長の場合にも，図4.8(a)から明らかなように，三次元島は等方的では無く，〈110〉方向に長く伸びた形状をしている。すなわち，$CoSi_2$ の三次元島の形状には歪み緩和が深く関わっていると考えられる。また，ピンホールの形状も〈110〉方向に伸びており，$CoSi_2$ の二次元領域との境界は $CoSi_2${110}面で囲まれている。これは，$CoSi_2${100}面の表面エネルギーが $CoSi_2${110}面や Si{100}面に比較して大きいことに起因していると考えられる。

先に述べたように，Si 表面上での $CoSi_2$ エピタキシャル成長膜の表面モフォロジーは，表面に存在する不純物などの影響を大きく受けることが知られている。また，上述のように成長膜の表面モフォロジーが表面エネルギーによって決まっているとすると，そのモフォロジーは表面に吸着した微量の原子の影響を強く受けるはずと考えられる。図4.9は，1.1 ML の酸素原子が吸着した Si(100) 面上に3 ML の Co を室温で蒸着し，470℃で5分間の熱処理を行って $CoSi_2$ を形成した場合の STM 像である。表面には，僅かなピンホールは存在するものの，原子ステップも明瞭に観察でき，原子尺度で平坦な $CoSi_2$ が形成されていることが分かる。形成された $CoSi_2$ 膜の膜厚は約0.8 nm であり，蒸着された Co 量から期待される膜厚にほぼ等しい。すなわち，Si 表面上に吸着

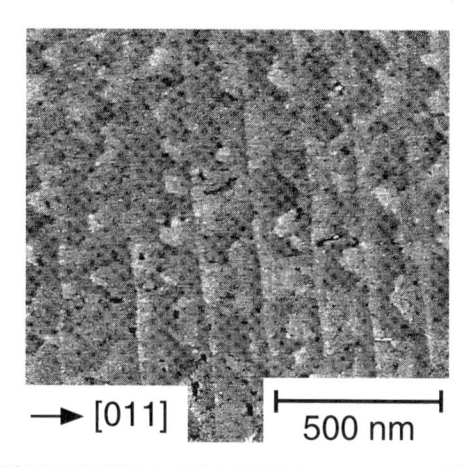

図 4.9 1.1 ML の酸素原子が吸着した Si(100) 表面上に 3 ML の Co 膜を堆積し，470°C で熱処理後の STM 像
原子尺度で平坦な $CoSi_2$ 膜が形成されている。

した微量の酸素原子により，ピンホールや $CoSi_2$ の三次元島の形成が抑制され，表面モフォロジーが大きく改善されたことが分かる。このような表面モフォロジーの改善は，初期吸着酸素量や熱処理温度に大きく依存する。

以上の結果は，表面に存在する微量な酸素原子が，$CoSi_2$(100) 面の表面エネルギーに影響を与え，三次元化を抑制するサーファクタント的な役割を果たすことを示唆していると考えられるが，歪み緩和との関係も含めた詳細な検討が必要である。$CoSi_2$ エピタキシャル成長膜の表面モフォロジーの改善は，化学的に形成した SiO_x 膜で覆われた Si(100) 表面上においても報告されている。この場合の SiO_x 膜の膜厚は 0.5 nm 程度と考えられ，また Co は SiO_x 膜とほとんど反応しないため，固相反応時の拡散や核形成状態，界面/表面エネルギーなどに SiO_x 膜が影響を与えている可能性が指摘されている。すなわち，これらの結果は Si 上での $CoSi_2$ の成長が成長条件に極めて左右されやすいことを意味しており，良質のエピタキシャル成長膜を得るためには表面状態の制御が重要であることを示している。

4.1.3 シリサイドの応用

シリサイドは，Si 露出部に自己整合的にシリサイドを形成するサリサイド

4.1 シリサイド化固相成長

(salicide：self-aligned silicide) 技術用材料として，ULSI デバイスに広く用いられている．図 4.10 に，Ti サリサイド技術の概略を示す．サリサイド技術では，基板 Si が露出しているソース・ドレインのコンタクト部と多結晶 Si のゲート部に対して，金属との固相反応を利用して選択的に $TiSi_2$ を形成する．金属膜を堆積後に 400〜700°C の温度で熱処理（1 st 熱処理）を行うと，SiO_2 上にはシリサイドが形成されず，Si と接した領域のみにシリサイドが形成される．未反応の金属膜はエッチングによって選択的に除去できるため，コンタクトおよびゲート部のみにシリサイドを形成できる．実際のプロセスでは，その後にシリサイドの抵抗値を下げるための熱処理（2 nd 熱処理）が行われる．この技術は，ULSI の微細化に整合した技術であり，今後も必須の要素技術と考えられる．サリサイド技術においては，シリサイド化に伴うソース・ドレイン領域の浅い pn 接合の破壊や不純物の再分布を防ぎ，余分な領域のシリサイド反応を抑制することが必要である．

金属と半導体を接触させた界面には，ショットキー障壁と呼ばれるポテンシャル障壁が形成される．金属/n 型半導体界面のエネルギーバンド図を図 4.11 に示す．コンタクト抵抗は，金属と半導体の接触抵抗であり，界面に形成され

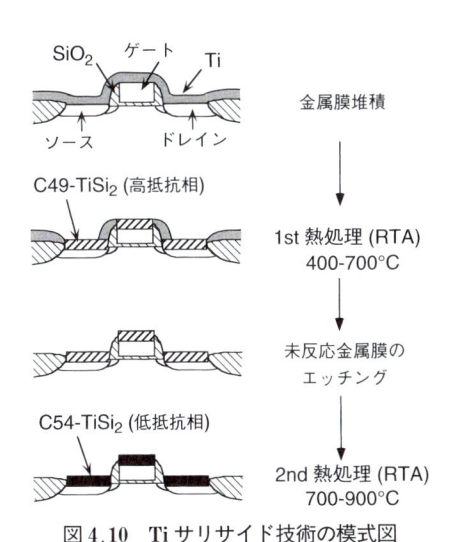

図 4.10　Ti サリサイド技術の模式図
Si と Ti が接している領域にのみ $TiSi_2$ が形成される．

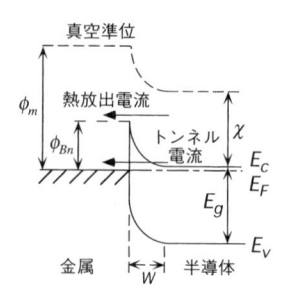

図4.11 理想的な場合の金属/半導体界面のエネルギーバンド図

るポテンシャル障壁高さと半導体側に形成される障壁幅（空乏層幅）W に依存する。理想的には，n型半導体に対するショットキー障壁高さ ϕ_{Bn} は金属の仕事関数 ϕ_m と半導体の電子親和力 χ の差で決定され，p型半導体の場合には禁制帯幅 E_g と ϕ_{Bn} の差に等しい高さを持つ障壁が形成される（ショットキー極限）。しかし，実際に測定されたショットキー障壁高さは，金属の仕事関数 ϕ_m に対する依存性が小さい。これは，現実の界面に存在する界面準位や界面介在層などの影響と考えられ，フェルミ準位のピンニング現象との関係において，多くのモデルや解釈が提案されている。また，$NiSi_2$/n-Si(111)において，Si に対して完全なエピタキシャル方位関係にある A タイプと双晶関係にある B タイプのショットキー障壁高さがそれぞれ 0.65 および 0.79 eV と大きく異なることが報告されている。このことは，ショットキー障壁高さが仕事関数のようなマクロな電子状態だけでは決定されないことを示す良い例である。したがって，現実界面を問題にする場合には，界面形成条件や原子尺度の界面状態とショットキー障壁高さなどの電気的特性との関連を総合的に明らかにする必要がある。

　金属/半導体界面を流れるキャリアの輸送機構は，主として熱放出機構とトンネル機構である。熱放出機構は，ショットキー障壁高さ以上のエネルギーを持つキャリアが障壁を越えて流れる電流であり，トンネル機構は，空乏層幅 W が充分に薄い場合に障壁をキャリアが透過して流れるトンネル電流である。空乏層幅は Si 基板中の不純物濃度 N_D に依存し，不純物濃度が高くなると空乏層が半導体側に延びなくなるために，障壁幅は薄くなる。したがって，熱放出機構は N_D が低い場合に優勢となる電気伝導機構であり，N_D が $10^{18}\mathrm{cm}^{-3}$ を

越えるとトンネル機構が重要になってくる。一般に，オーミックコンタクトは高不純物濃度領域に対して形成されるため，実際のコンタクトではトンネル電流が支配的である。すなわち，低コンタクト抵抗率を得るためには，低いショットキー障壁高さの材料を選択することと，Si 基板側の高い不純物濃度を実現することが本質的である。しかし，p および n 型基板に対する障壁高さの和は，半導体の禁制帯幅に等しくなるため，例えば，n 型基板に対して低い障壁高さを持つ材料は p 型基板に対しては高い障壁高さを持つことになる。また，プロセス的には p および n 型の Si に対して同一の材料を用いることが望ましい。したがって，p と n 型の両者に対してほぼ同程度の障壁高さを持つ遷移金属がコンタクト材料としては実用的となる。

図 4.12 に，MOS トランジスタの最小寸法とコンタクト抵抗およびチャネル抵抗の関係を示す。MOS トランジスタの寸法が縮小されるとチャネル長は短くなり，コンタクト領域の面積も小さくなる。最小寸法の比例縮小割合を $1/k$ とすると，チャネルの抵抗は $1/k$ となり，一方コンタクト抵抗は面積に依存するため k^2 倍で増加することになる。したがって，MOS トランジスタの微細化と共に，コンタクトの寄生抵抗が増大するためにトランジスタの電流駆動

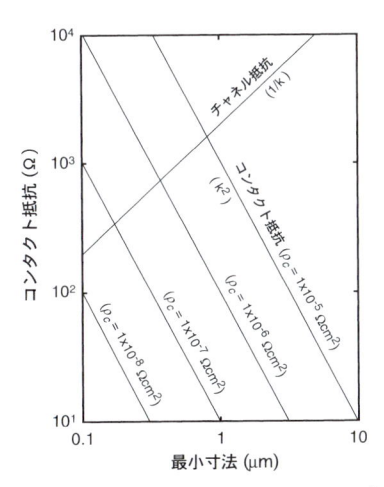

図 4.12 MOS トランジスタの最小寸法とチャネル抵抗およびコンタクト抵抗の関係
デバイス寸法が $1/k$ になると，チャネル抵抗は $1/k$ で減少し，コンタクト抵抗は k^2 倍で増加する。

能力は低下し,動作速度が遅くなってしまう。コンタクトの寄生抵抗の影響をできる限り小さくして,デバイスの微細化に見合った性能向上を確保するためには,$10^{-8}\Omega cm^2$台のコンタクト抵抗率を実現する必要があることが,この図より理解できる。

ULSI用のゲート電極,コンタクト電極には,現在$TiSi_2$が最も広く用いられているが,ゲート部の$TiSi_2$を細線化するとシート抵抗が急激に増加することが報告されている。Ti/Si系では600°C以下の熱処理により高抵抗相であるC 49-$TiSi_2$(底心斜方晶)が形成され,650°C以上でC 49相から低抵抗相であるC 54-$TiSi_2$(面心斜方晶)に相転移する。細線化によるシート抵抗の上昇は,C 54結晶の核生成サイトとなる粒界三重点の密度が細線化と共に減少するため相転移が抑制されるためと考えられている。この問題を回避するためのプロセス技術の改良や,相転移速度の不純物や応力などとの関係などが調べられている。また,このような細線化による抵抗の増大が起こらないコンタクト材料としても,$CoSi_2$が期待されている。また,コンタクトの低抵抗化は,最終的には基板材料であるSiの物性的な制限,例えば禁制帯幅や不純物の固溶限などで律速される。このような,Siの材料的な限界を越えてさらにコンタクトの低抵抗化を達成する方法として,界面にSiよりも禁制帯幅の狭いGeあるいはSiGe混晶層を導入する方法が検討されている。

文　献

1) M. A. Nicolet and S. S. Lau：*VLSI Electronics*, Vol. 6, ed. N. G. Einspruch and G. B. Larrabee, Academic Press (1983).
2) 財満鎭明,安田幸夫：金属/シリコン界面におけるシリサイド形成と低抵抗コンタクト,応用物理 **63**, 1093 (1994).
3) R. B. Schwarz and W. L. Johnson：*Phys. Rev. Lett.* **51**, 415 (1983).
4) Y. Hayashi, M. Yoshinaga, H. Ikeda, S. Zaima and Y. Yasuda：*Surf. Sci.* **438**, 116 (1999).
5) S. H. Brongersma, M. R. Castell, D. D. Perovice and M. Z.-Allmang：*Phys. Rev. Lett.* **80**, 3795 (1998).

4.2 多結晶 Si 薄膜成長

4.2.1 はじめに

過去 30 年間にわたって，微細化は Si 集積回路の進歩の原動力であった。この微細化は，Si ウエハーの平面方向だけではなく，面に垂直な方向にも同じ割合で施されるのが理想であって，そのためには，絶縁膜表面上に単結晶 Si 薄膜（SOI：Silicon on Insulator）を形成する必要がある。また，トランジスタを上下に積層した三次元集積回路の実現にも SOI が不可欠である。この要請に答えるべく，90 年代初頭までに，絶縁膜上への単結晶 Si 薄膜成長法が数多く試みられている。これら成果は，「SOI 構造形成技術」[1]に詳しくまとめられている。

80 年代後半になると，集積回路の研究・開発動向は極微加工一本槍に変わり，SOI は注目されなくなった。最近，微細加工技術が極限まで進んだ結果，SOI が再び注目を集めているが，このリバイバルのもう一つの原因には，ここ 15 年間に大量の酸素原子を単結晶 Si 基板表面近傍にイオン注入して SOI 構造を作る SIMOX（Separation of Implanted Oxygen）法や貼り合せ法が著しく進歩したことが挙げられる。SOI 応用を目指した絶縁膜上への単結晶 Si 薄膜成長には，いまだブレイクスルーは見られない。

90 年代になって，液晶を用いた平板ディスプレイの実用化が急速に進んだ。液晶ディスプレイでは，透明なガラス板の表面に堆積した Si 薄膜を用いた薄膜トランジスタ（TFT：Thin-Film Transistor）のマトリクスにより，液晶セルで構成される画素を画素毎に独立して駆動する。Si 薄膜には，プラズマ CVD 法により，300°C程度で成膜したアモルファス Si（a-Si）が用いられる。この a-Si 薄膜は，原子の配列に周期性がないために，ガラス基板上に優れた再現性と均一性をもって超大面積に成膜できると言う得難い特徴を持つが，反面，物性は極めて悪い。液晶ディスプレイのより一層の高画質化（高密度化，高画素数化，高速化）と低価格化のために，物性に優る結晶性 Si 薄膜を用いた TFT が望まれている。

また，80 年代後半にはエキシマレーザ（excimer-laser）が実用化されて，耐熱性に欠けるガラス基板上に堆積した a-Si 薄膜を溶融・再結晶化できるよ

うになった。この新しいシーズとニーズとの合体により，結晶性 Si 薄膜成長技術は新展開を遂げ始めた。

本稿では，このような技術観から，SOI 応用を目指した単結晶 Si 薄膜成長については短い記述に留めて，液晶ディスプレイ応用を目指したエキシマレーザ溶融・再結晶化（ELA：Excimer-Laser Annealing）法の最近の研究成果を中心に述べる。ただし，これらの研究は，さまざまな信号処理機能をガラス基板上に実現する（システム・オン・パネル：System-on-Panel）ことを究極的の目的としているから，SOI 技術に結びつく可能性を秘めていることを記しておく。

4.2.2 固相結晶化法

多くの物質では，融点（絶対温度）の半分程度の温度になると，原子の無秩序運動のエネルギーが原子間の結合エネルギーに近づくために，時間をかければ原子が再配列（結晶化）する。この現象は，特に金属の分野では"焼鈍"として，古くから利用されてきた。Si でも，その融点が 1698 K であるから，600°C 程度の低温で結晶化できる。この方法は，固相結晶化法といわれており，アモルファス基板上への結晶性 Si 薄膜の典型的な成長法として長い間研究されてきた。

a-Si 膜を加熱すると，膜内に結晶核が自然に発生して，それぞれの核を種にして，アモルファス領域が消失するまで，結晶粒が無秩序に成長する。アモルファス領域が無くなるまでに発生する結晶核の個数密度が，結晶粒の平均的な大きさを決める。結晶成長速度と結晶核の発生速度はともに温度の上昇に伴って増すが，核発生の増加率の方がより急激である。したがって，試料を 600°C 程度の比較的低温に長期間保持することにより，許容できる時間（数十時間程度）内で，比較的大きな（2～3 μm 程度）の結晶粒を作れる。この固相結晶化（SPC：Solid-Phase Crystallization）法[2]では，結晶核の発生が初期 a-Si 膜内の微妙な原子配置に影響される。すなわち高温で堆積した膜では，結晶核が短時間のアニールで発生する傾向が強い。このため，500°C 以下の低温で a-Si 膜を堆積することが重要であって，超高真空下での蒸着法や Si_2H_6 を用いた低温 CVD 法により堆積する。また，Si や Ge の高エネルギーイオン

4.2 多結晶 Si 薄膜成長

を Si 薄膜に注入して元々ある結晶核を完全に破壊することも有効である。この SPC 法によって結晶化した Si 薄膜の結晶粒はデンドライト形といわれる複雑な形状をしている。結晶粒界に存在する欠陥の密度が高いので、結晶性 Si 薄膜としては、結晶粒の大きさに比べて、物性が良好とは言えない。それでも、集積回路や液晶ディスプレイ用多結晶 Si 薄膜の成膜技術として量産に一部で利用されている。

極微量の Ni を a-Si 膜表面の一部に堆積すると、Si 膜の結晶化温度を下げることができる。結晶は、Ni が堆積された部分の先端から Ni が堆積されていない部分へと横方向に伸びる。そして、図 4.13 に示すように、500℃、10 時間のアニールで結晶成長距離は 15 μm 以上にもなる[3]。Ni が核発生と結晶成長とに寄与していることは間違いないが、その機構はまだ明確にはなっていない。結晶化した膜内に残留する Ni 濃度は極めて低いという特長もある。また、結晶粒はデンドライト形ではなく、成長方向に沿って長く伸びた幅が 1 μm 以下の針状である。しかも成長方向が (100) 方向に揃っている。隣接した結晶粒間では、原子配列のなす角度が小さく、それらの境界は"つながっている"とも強弁できる。この粒界における界面準位がどのようになっているのかという基本的疑問についての詳細な報告がなされていないのが気がかりではあるが、結晶化温度の低下と同時に高膜質が期待できる新固相結晶化法として、一部で注目されている。

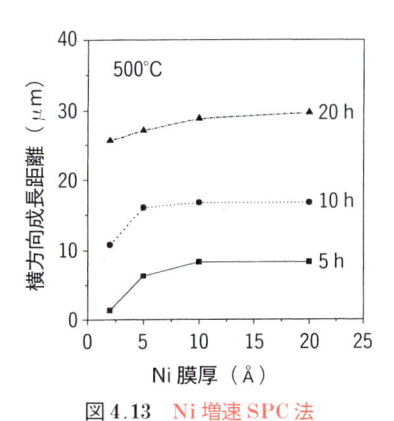

図 4.13 Ni 増速 SPC 法

4.2.3 溶融・再結晶化法

溶融状態を使えば結晶核を完全に潰すことができる。また，溶融状態から固化させれば，原子の激しい熱振動のために，結晶化速度を 10 m/s 以上と極めて速くできる。そこで，Si 薄膜をいったん加熱・溶融させてから，冷却・結晶化させる溶融・再結晶化法が試みられている。加熱方法としては，線状ヒータや電子ビーム，さらにはレーザビームなどがある。

1 帯域溶融・再結晶化法

帯域溶融・再結晶化（ZMR：Zone Melting and Recrystallization）法[4]の概略を図 4.14 に示す。まず，絶縁膜上の Si 薄膜を帯状に加熱して Si の帯状溶融領域をつくる。次いで，加熱領域をゆっくりと移動させることにより，Si 薄膜を順次固化させる。典型的なバルク結晶成長の 1 つであるゾーン結晶化（FZ）法の薄膜版とも言えよう。Si 薄膜が比較的長時間にわたって溶融状態になるので，基板には耐熱性が要求される。また，表面張力によって溶融 Si 膜が凝集しやすいので，普通は SiO_2 膜などのキャップ膜で Si 薄膜の表面を覆って凝集を押さえる。

ZMR 法には，装置が簡便ではあるが，結晶内の原子配列がわずかにゆがむ問題や，長時間溶融に伴う基板やキャップ膜からの酸素汚染や基板材料の混入が避けられず，このために膜質などに問題が残されている。膜質は，装置が複雑にはなるが，電子ビームやレーザビームを用いた方法によりある程度は改善できる。

2 レーザビーム溶融・再結晶化法

連続発振の高出力 Ar イオンレーザなどのレーザ光を細く絞って回転ミラーなどによって試料にスキャン照射すれば，Si 薄膜を溶融・結晶化できる[5]。波

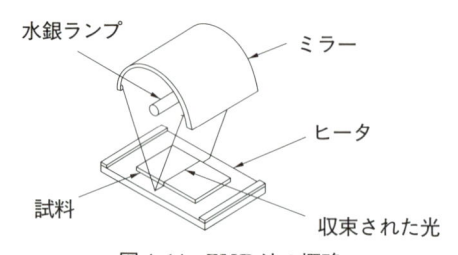

図 4.14 ZMR 法の概略

長が 500 nm 程度のレーザ光に対する Si 膜の光吸収係数は室温ではあまり大きくはないが，高温下では自由キャリヤによる吸収が寄与して，膜厚が 1 μm 以下であってもレーザ光が効率よく吸収されるので，Si 膜を溶融できる。

レーザの発振出力は数 10 W 程度が普通であって，これを直径 100 μm 程度に集光する。走査速度は数 cm/s 程度が一般的であって，特定の場所が照射されている時間は数 ms と短くできるから，ガラスのように耐熱性に欠ける基板にも適用できる。また，基板やキャップ膜からの材料の混入も少ない。しかしビームパワーが小さく，ビーム径が細いために，熱分布に対する配慮が重要である。なお最近，半導体レーザでポンピングした CW 発振レーザを用いることにより，飛躍的に結晶化特性が改良されるという研究成果が報告された。

図 4.15 にその一例を示す。図 (a) に示す通常のガウス形の光強度分布を持ったビームでは，ビーム中央付近の Si 薄膜が周辺部よりも高温に加熱され，単峰形の温度分布になる。結晶化は光強度の弱い周辺部から始まって中央部に及ぶので，周辺部に発生した多数の結晶核が種になる。この結果，小さな結晶粒の集合体が形成される。大きな単結晶を得るには，図 (b) に示すように双峰形の温度分布を実現して，2 つの高温溶融領域によって外部の影響を遮断し，中央部分から固化が始まるように工夫する。この工夫により，中央部分の結晶の情報が次第に高温領域に広がることになるから，大きな結晶が成長できる。

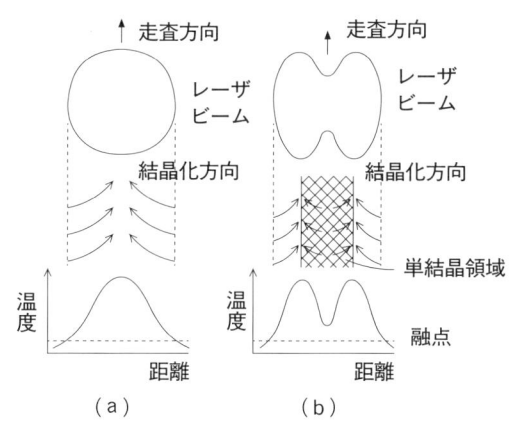

図 4.15　レーザビーム溶融・結晶化法における結晶化の様子
（a）単峰形温度分布，（b）双峰形温度分布

3 電子ビーム溶融・再結晶化法

細く絞った電子ビームを Si 薄膜に照射して、局部的に溶融・再結晶化する。電子ビームを x 方向に走査しつつ、y 方向に少しずつ移動させる[6]。x 方向の走査速度が遅い場合には、レーザを用いた場合と同様に、照射領域の近傍のみが溶融することになるので、結晶は走査方向に沿って成長する。一方、x 方向の走査速度が速い場合には、走査方向から 60～90 度ずれた方向に幅が 20 μm 程度の結晶粒が成長する。このように結晶成長の様子が異なるために、大きな結晶を得るには走査方法に工夫を要する。

大結晶粒の形成には、試料の面内温度分布を精密に制御することが極めて重要であって、この視点から照射エネルギー密度の制御が容易な疑似線状ビーム法が考案された。この疑似線状ビーム法では、点状の電子ビームを速い繰り返し速度（周波数が数～数 10 MHz）で一方向（x 方向）に走査する。電子ビームによって加熱された Si 膜があまり冷えない間に、次のサイクルの電子ビームが照射されるので、Si 薄膜の溶融領域が帯状になる ZMR 法のように x 方向に数 cm 程度まで広がった帯状の溶融領域が y 方向にゆっくりと移動する。特定箇所が溶融している時間はかなり長い。この結果、キャップ膜からの酸素の混入が膜質低下を引き起こす。溶融時の温度分布は、膜質と同時に、結晶化可能面積に大きな影響を持っている。このため、ビーム偏向電圧の波形を精密に制御することも必要である。さらに、真空が必要で装置が高価である、ビームパワーが小さいためにスループットが上がらないなど、幾つもの課題が残されている。

4.2.4 エキシマレーザ溶融・再結晶化法

1 エキシマレーザの種類と特徴

Xe のような希ガス原子は不活性であって、原子どうしはほとんど反応しない。しかし、一方の原子を励起すると強い相互作用が生じて、たとえば Xe_2 のような分子になる。この状態の分子をエキシマ（excimer＝excited dimer）と呼ぶ。エキシマは高い内部エネルギーを持ち、しかも安定性が十分ではないので、簡単に元の単原子に戻り、その際に短波長の光を生じる。この誘導放出現象を利用したエキシマレーザは、液体 Xe を用いて 1970 年に初めて発振し

た。希ガスとFのようなハロゲン原子を用いた同様な発振は，1975年に初めて観測された。そして，この希ガス-ハロゲンの組み合わせを用いて，放電現象により励起する実用的なエキシマレーザは，1976年に開発され，80年代に製品化された。

エキシマレーザの典型的な出力エネルギーは数100 mJ/shotで，パルス幅は数10 ns である。ピークパワーに換算すると，10 MW以上とアルゴンイオンレーザなどとは7桁ほど大きい。紫外光であるが故に，Si表面から100 nm程度の範囲で吸収される，高光エネルギーであるが故に1 cm^{2}以上の大面積にわたりSi薄膜を溶融できる。また極短パルスであるが故に極短時間（100 ns）内にSi薄膜の溶融・固化が終了するので，ガラス基板を使える，基板材料の混入も少ないなど，他の溶融・再結晶化では達成困難な特徴が生まれる。

ガラス基板上のSi薄膜の溶融・再結晶化へのエキシマレーザの応用は，1980年代中頃より試みられてきた[7]。しかし，数10 ns 程度の極短時間内に生じる溶融・再結晶化現象は，普通に観測される準静的な溶融・再結晶化現象とは大きく異なっていたために，その物理現象の理解に手間取った[8]。また，レーザ自体も幼稚であった。最近になって，物理現象の解明と並行して，装置自体も改善がすすんだ。この結果，一部では量産技術として使用され始めている。

表4.1に典型的なエキシマレーザを示す。Siでは光吸収特性が約380 nm以下の短波長領域で極めて大きくなるので，またパルス幅にも大きな相違がないので，これらのエキシマレーザの間では，Siの溶融・再結晶化現象自体には大きな相違はない。しかし，Si堆積膜中に残留しやすいSi-H結合は，その結

表4.1 代表的なエキシマレーザとその特徴

レーザ名	ArF	KrF	XeCl	XeF
発振波長（nm）	193	248	308	351
フォトンエネルギー(eV)	6.2	4.9	3.9	3.5
特徴	窒化Siを加熱可能	高出力	ガス寿命が長い	ガラスを透過，Si-H結合を切らない。

合エネルギーが3.4 eV（波長に換算すると350 nm程度）程度であるので，発振波長が353 nmと最も長いXeFレーザは，この結合を光学的効果のみでは切断し難いと言う特徴を持つ．この結果，溶融再結晶化後にも残留水素量が多い．また，結晶化に際して水素が急激に噴出しにくいので，結晶化前の脱水素化処理が軽減できる．また，XeFレーザ光だけはガラスを透過できる．KrFレーザとXeClレーザは高出力が可能であり，特にXeClレーザは高価な希ガスの消費量が少ないので，量産装置に適すると言われる．ArFレーザは，発振波長が193 nmと短波長であるので，Si_3N_4膜をも加熱改質できる．このような特徴を考慮した上で，レーザの種類を選択する．

2 a-Si膜の極短時間再結晶化過程

エキシマレーザ光のパルス幅が極めて短いために，光パルス終了直後には照射光エネルギーが変換した熱エネルギーの大半はSi膜内に留まっており，基板への熱拡散量は少ない．これは，耐熱性のないガラスやプラスチックを基板として利用できることにもつながるが，同時に，Si膜と基板間に大きな温度差（温度勾配）があって，熱拡散によってSi膜内の熱が数10 nsという極短時間に散失することも意味する．また，ガラス基板上の初期Si膜は低温堆積膜であるから，アモルファスである．a-Si膜は，原子間の結合力が結晶Si膜の場合に比べて弱いので，溶融Siへの遷移温度（融点）は約1000°Cと結晶Siに比べて400°C程度も下がる．また，融点以下の温度においても，原子が激しく運動できるから，結晶化する．

ガラス基板上のa-Si膜をエキシマレーザ溶融・再結晶化した場合について，特徴的ないくつかの照射光エネルギー密度における膜内部の様子を図4.16に示す．図(a)は照射エネルギー密度が低くて，Si膜の一部が非溶融状態に留まる場合である．固液界面付近の非溶融Si領域内では，原子が活発に熱運動できるので，結晶核が無数に発生する．この結晶核を種として，固液界面付近から結晶化を開始し，表面付近に及ぶ．結晶粒は成長途中に隣の結晶粒とぶつかるので，横方向にはほとんど伸びない．このため，溶融領域は直径が100 nm程度の微少結晶粒で埋め尽くされる．照射エネルギー密度が増すにつれて，溶融領域が厚くなり，非溶融領域が薄くなる．膜が完全に溶融する状態の直前のエネルギー密度では，図(b)に示すように，微少な非溶融領域が基板界

4.2 多結晶Si薄膜成長

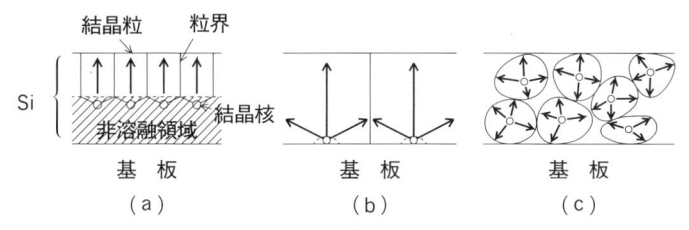

図4.16 エキシマレーザ溶融・再結晶化の様子
(a) Si膜が部分溶融する場合
(b) Si膜が完全に溶融する直前の場合
(c) Si膜が完全に溶融する場合

面付近に斑点状に残る。アモルファスのガラス基板表面には結晶核がほとんどないので、結晶核の密度が急減する。この結果、結晶粒は急激に大きくなって、1μm以上の結晶粒も散見されるようになる。

　照射エネルギー密度をさらに増すと、Si薄膜が完全に溶融する。この場合のSi薄膜内温度の時間変化を概念的に図4.17に示す。結晶成長を促す結晶核が存在しないので、Si膜内温度が融点を下回っても直ちには固化が始まらない。膜からの熱流失は相変わらず急激であるから、溶融Siの温度が融点を下回ると言う過冷却状態（super cooling）が生じる。過冷却状態になって温度が下がるに従って、結晶核の発生速度が急激に増すので、図4.16(c)に示すように、均一に高密度の結晶核が爆発的に発生する。同時に、この結晶核を種にして固化が一気に進む。固化に際して溶融Siが蓄えていた潜熱が放出され

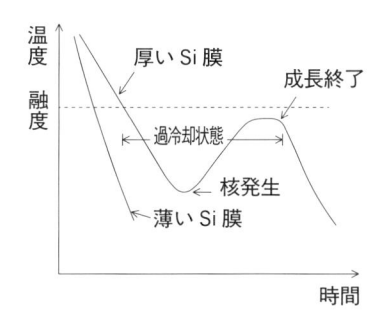

図4.17 Siが完全に溶融する場合の膜内温度変化の模式図
実線：Si膜厚が厚い場合、点線：Si膜厚が薄い場合

るので，温度上昇が起こり，Si 原子の運動が活発化して結晶が成長する。この結果，Si 膜は数十 nm 以下の微少な結晶粒で埋め尽くされる。一方，Si 膜厚が薄い場合には，過冷却状態で固化が開始されたと仮定しても，放出される潜熱が少ないので，Si の温度はあまり上昇しない。Si 原子の熱運動エネルギーが急速に奪われ続けるので，Si の原子配置は溶融状態のまま（無秩序のまま）で凍結される。すなわち，固化しても結晶にはならず，アモルファスとなる。

照射光エネルギー密度と結晶粒径の関係としてまとめると，図 4.18 のようになる。光エネルギー密度の増加に伴って結晶粒は大きくなるが，膜が完全に溶融すると同時に，結晶粒は一気に極めて小さくなってしまう（膜厚が薄い場合にはアモルファスになる）。一方，結晶粒界には電子に対するポテンシャルバリヤができるので，TFT 応用では，結晶粒径が大きいほど電子移動度が高くなる。しかし，現在のエキシマレーザではパルス毎の光エネルギーには数％の変動がある。したがって，高移動度の TFT を再現性と均一性を保ちつつ作製することは極めて難しい。この難題を乗り越えるために，同一箇所を強度の異なったパルスで多数回照射するなどの様々な工夫が試みられている。

エキシマレーザ溶融・再結晶化法は，量産技術にまで精密化された。量産装置では，スループットと同時に膜質の均一性が極めて重要である。このため，ほぼ矩形のレーザビームを光学系によって長さが数 10 cm，幅が数 10 μm の細長い形状に変形して，また幅方向の強度を少しずつ変えて，試料台をわずかずつ移動して多数回照射する。

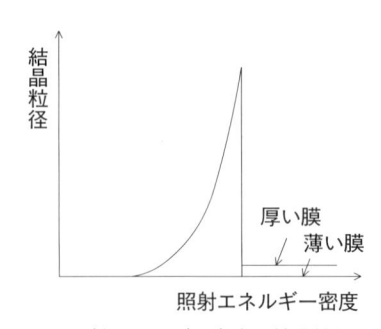

図 4.18　照射エネルギー密度と結晶粒径の関係

3 横方向成長法

　上述の結晶化過程は，無限に広い Si 薄膜を均一に照射・溶融した場合を想定している。実際には，照射端部が必ず存在しており，ここでは均一照射の場合とは極めて異なった状況が出現しうる[9]。また均一照射でも試料内に構造を作れば，均一試料とは異なった状況が出現する[10]。

　図 4.19 は，この状況を極端に拡大して生じさせた試料の断面構造である。結晶 Si(c-Si) を熱酸化した後，選択エッチングによって c-Si を局所的に完全に除去して極薄 SiO_2 膜だけを残す。Si 薄膜は，この極薄 SiO_2 膜上に堆積されている。エキシマレーザ照射によって全面にわたって完全に溶融した Si 薄膜から熱が極薄 SiO_2 膜に流失して，ここを加熱する。これが Si 薄膜と同一温度に昇温されると，Si 膜から極薄 SiO_2 膜方向への熱流失は停止してしまう。以降の Si 薄膜からの熱流失は，極薄 SiO_2 膜の面に沿った熱伝導によって生じる。この熱伝導の結果，極薄 SiO_2 膜に沿って温度勾配が発生するから，Si 薄膜は端から固まり始める。固液界面が Si 膜内を端から中央に次第に移動するので，端にあった結晶核が種となって横方向結晶成長が生じる。この様子は，均一照射の場合（図 4.16(a)）の縦方向成長を 90 度回転したと考えると容易に理解できよう。結晶粒は，図 4.20 に示すように，幅が 1 μm 程度と狭いが，長さは数 10 μm にも達する。

　上記の横方向成長は，固液界面の移動によって引き起こされたものであるから，固化開始時間を空間的に変化させれば，基板が除去されているか否かに無関係に，横方向結晶成長により巨大結晶粒を形成できることを意味している。この考えに沿って，実用的試料構造を保ちながら，固化開始時間を空間的に変化させるさまざまな方法が試みられている。第一の方法群は照射エネルギー密

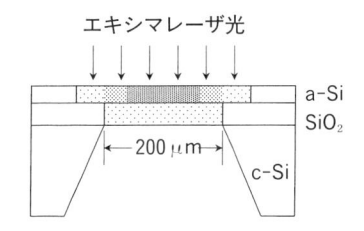

図 4.19　横方向成長のためのメンブレン構造

エッヂ→

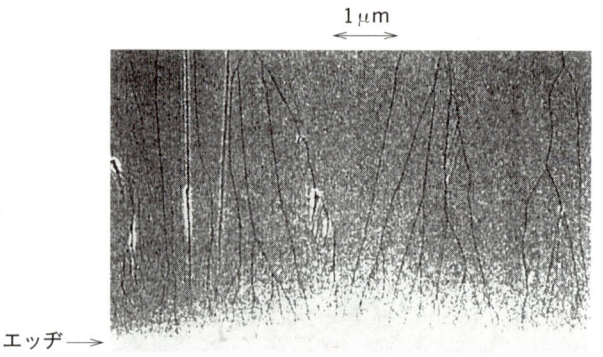

図 4.20 メンブレン構造による横方向成長膜の SEM 写真（Secco エッチ後）

度を空間的に変化させる方法である[10~12]。Si 膜内に蓄えられる熱エネルギー密度が空間的に変化するので，熱エネルギー密度の低い領域から高い領域へと固化開始時間が遅れる。第二の方法群は Si 膜から基板への熱流失を空間的に変化させる方法である。これは，均一試料の場合に比べて熱流失速度を局所的に大きくする方法[13]と，局所的に減らす方法[14]とに大別できる。

照射エネルギー密度を空間的に変化させるには，レーザ光の位相を空間的に変調することが有効である[11]。図 4.21 にその概略を示す。石英板の表面に凹凸パターンを設けた位相シフトマスクをレーザ光が通過する際に，石英板の厚い部分を通過した光線は，薄い部分を通過した光線に比べて，遅れる。これら光線の相互干渉の結果，図面中央に模式的に示すように，試料表面では照射エネルギー密度に空間的な変化が生じる。この結果，図面最下部に示すように，Si 薄膜の中央部分には非溶融領域が残り，両側は完全に溶融する。レーザ照射が終了すると，この非溶融領域から矢印のように面方向に結晶が成長する。

図 4.22 は，この方法によって結晶化した試料の表面 SEM 写真である。モルフォロジーは光エネルギー密度分布の計算結果によく対応しており，Si 薄膜が完全に溶融する付近からより高照射エネルギー密度の領域に向けて，3.5 μm 程度の長さで横方向成長が生じる。

結晶が成長できる距離は，結晶の成長速度と結晶成長の持続時間（固化開始時間幅）の積で与えられる。成長速度には上限があるので，成長距離の飛躍的増加には固化開始時間幅を広げることが必要である。Si 薄膜が蓄える熱量は

4.2 多結晶 Si 薄膜成長

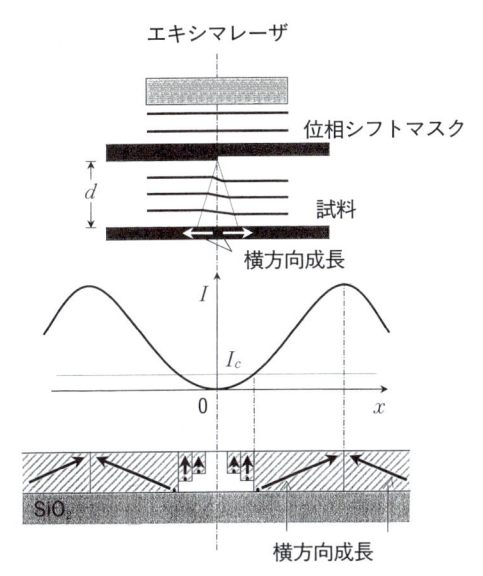

図 4.21 位相制御エキシマレーザ結晶化法の概念図

有限であるから，このためには熱流失速度を下げる必要がある．このためには基板を多孔質にして，基板の熱容量を小さくすることが有効である[15]．また，キャップ膜の熱蓄積現象を活用する方法もある．なお，試料の微小距離移動と横方向成長とを繰り返せば，超大面積を単結晶化することもできる[12]．

図 4.23 に第二の方法を実現する試料断面構造を示す．耐熱性のある光吸収層（SiON 膜など）上に Si 薄膜を堆積し，それをあらかじめ島状に加工する．Si 薄膜で覆われていない部分ではレーザ光が光吸収層を直射し，そこを高温に加熱する．光吸収層内部における熱拡散のために，Si 島の周辺部では中央部に比べて熱流失が減り，その結果，中央部から周辺部に向けて，固化開始時間が遅れることになるから，横方向成長が引き起こされる．

4.2.5 まとめ

ガラスや SiO_2 膜を基板としてその上に高品質の結晶性 Si 薄膜を形成する技術は，次世代ディスプレイのキープロセスである．特にエキシマレーザ溶融・再結晶化法は，大面積・極短時間処理という他の追随を許さない特徴を有して

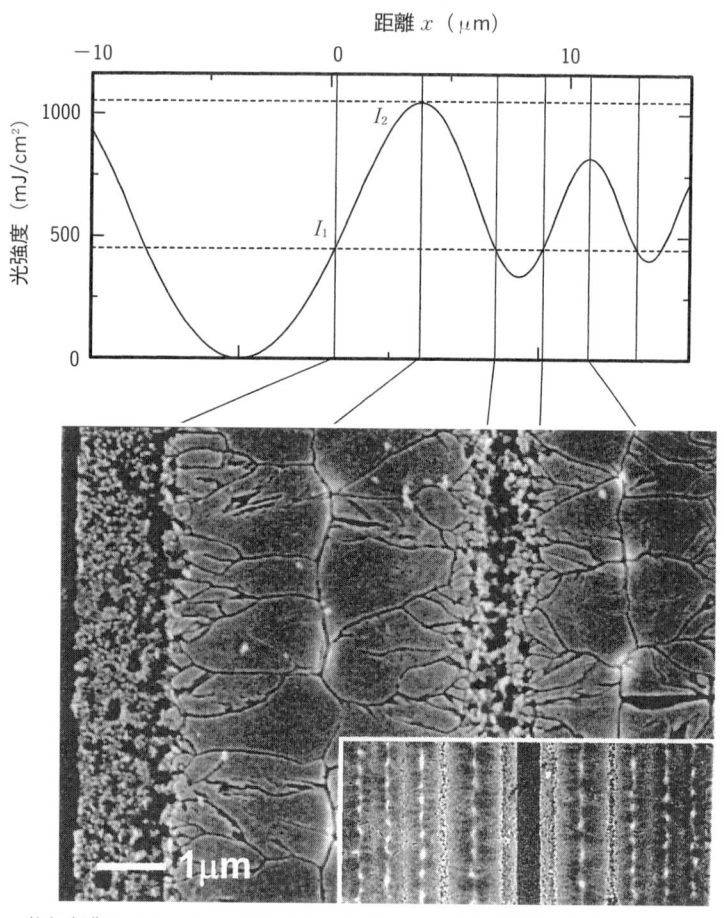

図 4.22 位相制御エキシマレーザ結晶化法で作った多結晶 Si 膜の表面 SEM 写真（Secco エッチ後）

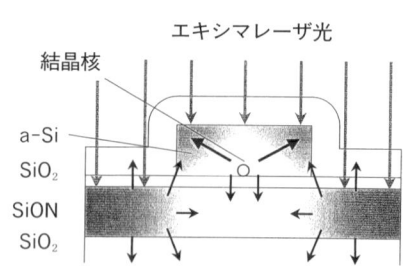

図 4.23 Pre-pattern エキシマレーザ溶融再結晶化法の概念図

おり，一部では量産技術にまで精密化された。また，固化開始時間を制御すれば横方向成長も可能であって，デバイス寸法より大きな結晶粒を形成できる。この新技術は生まれたばかりの段階であって，その全貌はまだ明らかになっていないが，急速に進歩すると同時に，その重要性も一層高まろうと想像している。

文　献

1) 古川静二郎：SOI 構造形成技術，産業図書 (1987)
2) T. Aoyama 他：Journal of Electrochem. Soc., Vol. 136 (1989) p. 1169.
3) S. W. Lee 他：Applied Physics Lett., Vol. 66 (1995) p. 13.
4) E. W. Maby 他：IEEE Electron Devices Lett. Vol. 2 (1981) p. 241.
5) A. Gat 他：Applied Physics Lett., Vol. 33 (1978) p. 775.
6) K. Shibata 他：Applied Physics Lett., Vol. 39 (1981) p. 645.
7) T. Sameshima 他：IEEE Electron Devices Lett., Vol. 7 (1986) p. 276.
8) J. S. Im 他：Material Research Bulletin, Vol. 3 (1996) p. 39.
9) D. H. Choi 他：Japanese Journal Applied of Physics, Vol. 33 (1994) p. 70.
10) K. Ishikawa 他：Japanese Journal Applied Physics, Vol. 37, (1998) p. 731.
11) C. H. Oh 他：Japanese Journal Applied Physics, Vol. 37 (1998) p. L492.
12) R. S. Sposil 他：Applied Physics Lett., Vol. 69 (1996) p. 2864.
13) M. Ozawa 他：AMLCD 99 (1999) p. 93.
14) R. Ishihara 他：Extended Abstracts of SSDM (1997) p. 360.
15) W. C. Yeh 他：Japanese Journal Applied Physics, Vol. 38 (1999) p. L110.

4.3　アモルファス基板上の選択的単一核形成法

4.3.1　アモルファス基板上に単結晶は形成できるか？

いわゆるエピタキシーの語意は "arrange upon" であり，下地の構造に関する情報を上に形成する薄膜へ継承することを意味する。薄膜成長の分野では，自然界に存在する単結晶基板の上に，単結晶薄膜を成長させることを一般にエピタキシャル成長と云う。シリコン単結晶基板の上には，単結晶シリコン薄膜を成長させることができるが，この場合，下地の情報とは単結晶基板表面の結晶構造のことである。すなわち，結晶格子間隔や結晶面方位であり，その

情報を引き継いで，同一の結晶方位を持ったシリコン単結晶薄膜が生えるのである。

一方，下地に結晶構造を持たないガラスのようなアモルファス基板上には，引き継ぐべき結晶情報が存在しないため，その上部へ堆積したままの薄膜はアモルファスか，よくても多結晶構造にしかならず，決して単結晶薄膜を成長することはできない。この種の組み合わせは近年，液晶デスプレイの薄膜トランジスタなどに，身近に応用されている。さらに，アモルファス基板上により高性能なデバイスを作製しうる単結晶薄膜を作成しようという，自然界には起こり得ない結晶成長に挑戦する試みがある。すなわち「人工的エピタキシー」とも云えるもので，アモルファス基板表面に人為的な手段を用いて基板表面を擬似的な単結晶表面に装飾し，上部へ形成した薄膜の結晶方位に変位を与え，制御しようとする試みである。1978年MITのSmithらからグラホエピタキシー[1]と名付けられた微細加工技術により，ある種の異方性を，等方的な構造を持つアモルファス基板表面に導入し，その上に形成した薄膜の結晶方位を制御しよう，という試みが初めて報告された。アモルファス基板表面に微細な凹凸を持つ表面回折格子を刻み，その上部へネマテック液晶[2]，KCl，Sn，シリコン，Geなどを堆積し，析出，気相成長とエッチバック，液相再結晶化，固相粒成長[3]などの種々の結晶化過程で，その結晶方位が基板面に垂直方向のみならず，面内方位をもある程度の統一性をもって制御されることを報告した。これについては，次節で解説される。同時期にSheftalら，は同様の実験を報告しartifitial epitaxyあるいはdiataxy[4]と名付け，NH_4I結晶を溶液から，ガラス表面の回折格子上に析出させ，同様の効果を観察した。そのほかにも，この種の表面微細構造による結晶方位の三次元アライメント効果（結晶方位が基板面に垂直方向のみならず，面内方位をもある程度の統一性をもって制御されること，キーワード参照）に関する報告がAu，Ag，Pb，Bi，Sn–Biについてなされている。これらのアプローチの機構は次のように考えられている。形成すべき材料の各種の結晶方位面と接触する基板表面（表面回折格子の底面と側面）との界面エネルギーには異方性がある。その特定の結晶面との界面エネルギーを最小化するように，働く駆動力によって，結晶核形成時に結晶方位のアライメントがなされるか，あるいは島状結晶の合体や粒成長などの核形成後

4.3 アモルファス基板上の選択的単一核形成法　　　125

KEYWORD ━━━━━━━━━━━━━━━━━━━━━━━━━━━━ 三次元アライメント

　結晶粒の基板に対して，垂直方向に優先的に配列しやすい結晶方位を，配向という。これは結晶の面方位により，基板との界面エネルギーの異方性があり，その最小の界面エネルギーを与える結晶面が基板表面と平行に成長しやすいと理解される。この原理を用いて，アモルファス基板に微細な凸凹を形成すると，溝の側面にも配向性が期待される結果，基板に垂直な方位に加えて基板面内の方位も制御できるとされる。

　これを三次元アライメントとよぶ。その最も身近な例は液晶のラビングによる配向処理である。

の成長過程における再構成の結果とされている$^{2,3)}$。ただし，一般に結晶核のごく初期におけるサイズは，上記の人工ステップの尺度と比較すると著しく小さいため，核形成時点で結晶方位が三次元的に影響を受けるとは考えにくい。したがって，この表面微細回折格子による方位制御は，核形成時に起こるのでなく，そのあとの成長過程における再構成によるものと考えるべきである。したがって，ここには結晶核の発生点を人工的に形成し，あらかじめ指定された位置に単一の結晶核を成長させ，その位置や，大きさや，さらには成長後の粒界点をも制御しようという意図や機構は存在しない。なぜならば，上記の人工エピタキシーにおける三次元アライメントは結晶方位の制御にのみ，その目的を定めたものであるからである。

　アモルファス基板上に薄膜形成のごく初期過程である核形成を，人為的に位置制御することにより，任意の位置に，任意の大きさの単結晶領域を基板上に形成しようという試みが米原ら$^{5)}$によってなされた。本手法に，選択的に指定した個所に1個の核を形成することを意図してSENTAXY（Selective Nucleation based Epitaxy）と名付けた。本節では，SOI（Silicon on Insulator）やガラス基板へのシリコン単結晶薄膜形成を目標として，原理，実験，解析，機構を気相と固相のSENTAXYについて解説する。

4.3.2　SENTAXYの原理

　アモルファス基板上に堆積されたままの薄膜の構造は，基板の長距離秩序の

欠如（単一の結晶構造の不在）のため，アモルファスか，多結晶となる。図4.24の(a)に示すように，飛来原子が基板表面上に吸着，脱離，表面拡散した後クラスターとなり，安定核を形成する。その安定核の形成位置が無秩序であるために，図4.24の(b)に示すように，形成された多結晶薄膜は，さまざまな粒径をもった結晶粒が粒界を介して集合したものと考えられる。その粒径は広く分布しており，粒界の位置もまた無秩序となっている。すなわち，粒界は核が成長して，形成された結晶粒どうしの衝突によって形成されると考えられる。ただし，粒どうしの衝突後には，粒成長（キーワード参照）による粒界の移動は考えない。そこで，もし図4.24の(c)に示すように，核成長点の位置制御が可能となり，任意の点に任意の間隔を置いて核を形成できたとすれ

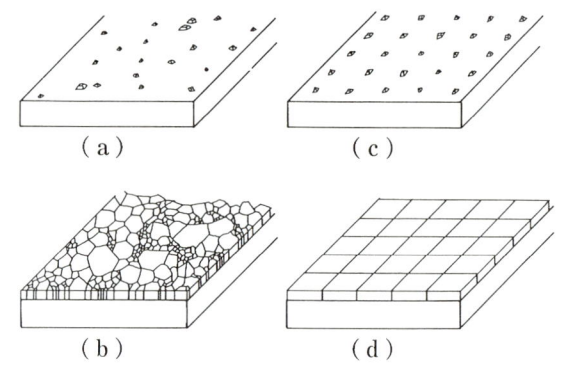

図4.24　アモルファス基板上に堆積された薄膜の構造
(a) 基板表面上で無秩序に位置する安定核
(b) 粒界の位置が無秩序となり，さまざまな粒径をもった多結晶層
(c) 核形成サイトの位置制御が可能にとなり，格子点に配列された核
(d) 格子状に位置制御された粒界

KEYWORD 粒成長

　多結晶薄膜は多結晶粒が粒界を界して集合したものである。その薄膜をレーザや炉で熱処理を行うと，ある結晶粒が，隣接する結晶粒を食うかのように，粒界が移動し取り込まれてある結晶粒が，拡大してゆく現象が見られる。この駆動力は，表面エネルギーが結晶面によって異なる（異方性）ために，生ずる隣接する結晶間のエネルギー差であるとされる。その結果，多結晶薄膜の配向が達成されることがある。

ば，粒界の点は隣接する核との中間に定められる．図4.24の(d)に示すように，人工核形成点を格子点状に配置すれば，粒界を格子状に設計することができる．

次に核形成点の位置を制御する方法を以下に説明する．薄膜堆積の興味深い現象の一つに選択堆積がある．これは基板表面材料によって，堆積物質の核形成のしやすさに著しい差があることを利用し，この2つの材料を同一基板表面上に配置して，薄膜を選択的に堆積し，その二次元的配置を自己整合的に行おうというものである．1962年Joyceら[6]は，シリコン酸化膜によって，部分的に被覆したシリコン単結晶基板上のシリコンの選択エピタキシャル成長を，最初に報告した．シリコン薄膜は，シリコン酸化膜の上には成長せず，シリコン単結晶基板の表出した，窓の部分にだけエピタキシャル成長することに成功した．われわれは，アモルファス表面における選択堆積現象に着目して，核形成点の位置を制御する方法を提案した．すなわち，堆積物の核形成密度がきわめて低い基板表面上に，高い核形成密度を有する微細な領域（人工核形成点）を設け，そこにのみ，単一の核を形成し，他の部分にはまったく堆積させない条件を選ぶ事ができる．さらに堆積を継続すると，人工核形成点上の核はその結晶性を受け継いで，非堆積面上にまで成長する．最終的には，隣接する人工核形成点の中間点で，互いの結晶島は衝突し，そこに粒界が形成される．果たして，上述のような核形成点の制御が可能であるかを検証するために，われわれはシリコンとシリコン酸化物の反応[7]および固相成長に関する研究をもとに，化学気相法（CVD）および固相結晶化によってシリコンのSENTAXYを試みた．

4.3.3 化学気相法（CVD）による選択単一核形成

1 基板表面の装飾

低い核形成面としてシリコン酸化膜表面が，高い核形成面としてシリコン窒化膜面がその核形成頻度に大きな差のあるものとして，広く知られている[8]．あるいはイオン注入によりシリコンを過剰にしたシリコン窒化膜やシリコン酸化膜も，また高い核形成面として用いることができる．これは主にシリコン過剰な表面が飛来シリコン原子の吸着率を高めるためと理解される．シリコン酸

化膜としては，シリコンウエハーの熱酸化膜あるいはCVDによって堆積し形成したもの，または石英ガラスを用いた．CVDによってシリコン窒化膜を，表面に熱酸化膜を有するシリコン基板上，あるいはガラス基板上に堆積する．その後，窒化膜を，マスクを用いてエッチングする．もう1つの手法は，シリコンやガラス基板表面に，まず窒化膜を堆積した後，さらにその上にシリコン酸化膜を積層し，酸化膜にマスクとエッチングを用いて窓をあける．その結果，シリコン酸化膜に囲まれた1.2，2.0，4.0 μm角シリコン窒化膜を局所的に存在させることができる．このようにしてシリコン窒化膜でできた人工核形成点を，10 μmから200 μmの間隔に配置した．また，集束イオンビーム(FIB)によってシリコンイオンを直径0.2 μmに絞り込み，加速電圧40 kVで，酸化膜を被覆した基板上に，1.2 μm角の領域を走査させて人工核形成点にすることも試みた．

2 人工核形成点に単一核を形成できるか？

シリコンの成長は，$SiCl_4$，SiH_2Cl_2をソースガスとする減圧CVDで行なった．走査型電子顕微鏡(SEM)，微小部X線解析，断面透過型電子顕微鏡(TEM)，エレクトロンチャネリングパターン，ラマン分光法などによってその構造を解析した．シリコン窒化膜とシリコン酸化膜の表面では，シリコンの核形成密度は，$SiCl_4/H_2$系のもとでは成長温度に強く依存し，温度の逆数に比例して減少する．Si_3N_4上の核形成密度はシリコン酸化膜上に比較して10^2〜10^3倍大きい．これは，次式の反応のように，シリコン飛来原子は加熱された二酸化シリコンと反応して，蒸気圧の高い一酸化シリコンとなり，気化するために，シリコン酸化膜上ではシリコンの核形成頻度が低下すると考えられる．

$$Si + SiO_2 \longrightarrow 2 SiO\uparrow$$

Claassen[8]らの考察にもあるように，この反応は，当然シリコン窒化膜上では起らないことが両者の核形成密度差を引き起こす主原因である．$SiCl_4/H_2$系によるCVDでは，ある程度の選択性はあるが，シリコン酸化膜上にも核が発生してしまうという問題がある．成長中にHClを混入することによって，それを抑制することができる．シリコン酸化膜上の偶発的に発生した核をエッチングで除去できるからである．図4.25に，$SiH_2Cl_2/HCl/H_2$系の核形成密

4.3 アモルファス基板上の選択的単一核形成法　　　　　　　　　　　　　　　　*129*

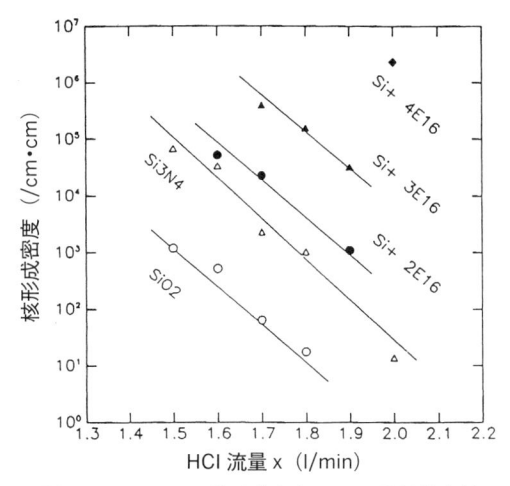

図 4.25　シリコン核形成密度の HCl 流量依存性

$SiH_2Cl_2/HCl/H_2$ 系の減圧 CVD における Si の核形成密度の HCl 流量依存性を示す。イオン注入は Si^+ を 2, 3, $4 \times 10^{16} cm^{-2}$, 20 kV で行った。SiH_2Cl_2 と H_2 の流量は夫々 0.53 l/min. と 100 l/min. であり，成長時間は 20 分。

度が，HCl 量によって大幅に制御できることを示す。これは，表面のシリコンクラスターが HCl により，次の反応によってエッチングされた結果である。

$$Si + 2\,HCl \longrightarrow SiCl_2\uparrow + H_2$$

　シリコンイオンを，シリコン酸化膜に注入した表面上の核形成密度の変化も同時に示した。シリコン窒化膜とシリコン酸化膜上のシリコン核形成密度の比は，HCl 量によらず，常に $\sim 10^2$ 程度である。しかし，シリコン酸化膜にシリコンのイオン注入によって，シリコンが過剰となった表面におけるシリコン核形成密度は，シリコンの注入量に応じて，HCl 混入量とは独立に制御できる。$SiH_2Cl_2/HCl/H_2$ 系においては，核形成初期段階では，$SiCl_4/H_2$ 系のような単一核形成過程[6]と異なり，HCl のために，より複雑な状況が顕著となる。まず，シリコン窒化膜上の人工形成点にきわめて微小な核が，多数個発生する。成長の初期過程で，そのなかの極少数の核だけが成長を続け，他の核は縮小，消滅し安定に成長することができない。一たび成長を開始した核は，反応種（$SiCl_2$）の吸い込み口となり，さらに成長を速める。そこでは $SiCl_2$（成長）と HCl（エッチング）のバランスが局所的に崩れた結果，人工核形成点の微

小な他の核は，エッチングと再脱離が優勢となり縮小していくものと考えられる。このような場合には，微小な人工核形成点における発生核は，きわめて少数しか生き残れない。このことは，核形成のごく初期における SEM 観察およびクラスター・サイズと，その密度の相関を詳細に検討した結果，明らかとなった[9]。この現象をもっとも端的に示す SEM 写真を図 4.26 に示す。Si_3N_4 人工核形成点の上に最初は，サブミクロンの極小な多数個のシリコン核が形成されており，ひとたびそのうちの 1 つの核が成長を開始すると，他のものは成長できないばかりか消滅してしまい，最終的には，人工核形成点は単独の結晶粒によって占有されてしまうことがよく見てとれる。

TEM 観察によって，このように成長された大結晶粒は，単一のドメインによって占められており，その内部には多結晶粒は存在しないことが分かっている。さらに上述のことを定量的に理解するために，クラスターの密度とそのサイズの成長時間依存性を詳細に調べた結果を図 4.27 に示す。420 秒経過した後の急激なクラスター密度の，数桁にも及ぶ減少が，選択単一核形成の前駆過程である大粒径クラスターの出現と一致する。この粗大化現象は，オストワルド・ライプニングでも，クラスターどうしの合体でもなく，気相への再離脱かもしくは，HCl によるエッチングで消滅したものと結論づけられた。その詳

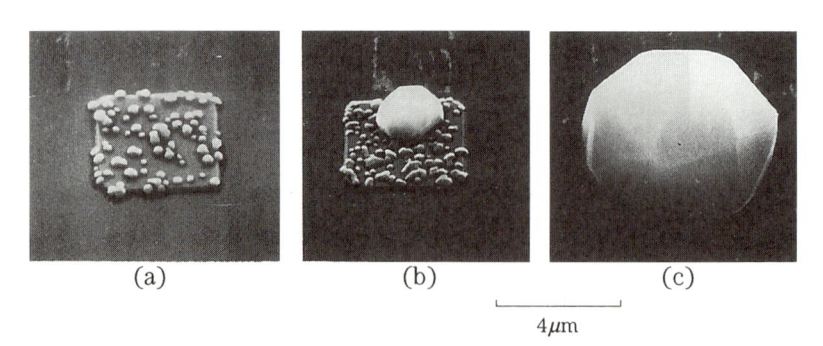

(a) (b) (c)

4μm

図 4.26 シリコン酸化物上の選択的に単一核形成される際に観察される "粗大化" 現象
SiO_2 上の $4\times4\ \mu m^2$ にパターニングされた $SiN_x(x=0.53)$ に $SiH_2Cl_2/H_2/HCl$ ガス系 (0.53/1.8/100 l/min) によって選択的に単一核形成される際に "粗大化" 現象が観察される。

堆積条件：950℃，150 Torr
堆積時間：(a) 480 秒　　(b) 720 秒　　(c) 960 秒

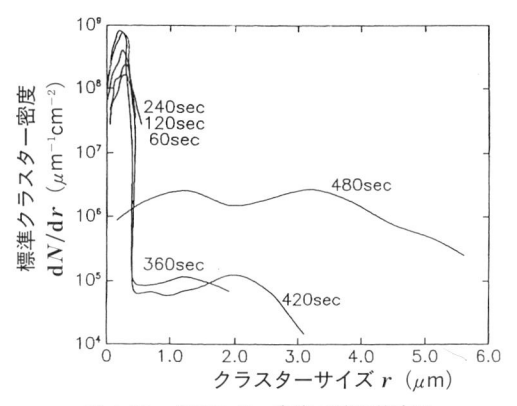

図 4.27 クラスター密度の時間依存性
480秒後,サブミクロンの微小クラスター密度が数桁減少し,大粒径結晶が突如出現する(成長条件は図 4.26 と同一)。

細は参考文献[10]に譲る。

このほかに,イオン注入によって人工核形成点材料を化学量論比からずらして,核形成密度を制御する手法や,さらに多結晶薄膜の凝集現象[11]を利用する方法も試みた。酸化膜表面に多結晶薄膜を堆積した後に,熱処理を施すと表面エネルギー最小化を駆動力として,薄膜は半球形に凝集する。この際,興味深いことに,著しい表面原子の表面増速拡散に伴い内部の粒界の再構成,すなわち急速な粒成長を伴い,凝集半球は単一の結晶構造をもち,粒界は消滅する。堆積した多結晶膜を事前にパターニングしておくことによって,凝集すべき物質量と凝集後の単結晶粒の核形成点を制御できる。その後に,成長によって,上述のように単結晶領域を拡大し,粒界位置を制御することができる[11]。成長した結晶核の外形を観察すると,{111}面と{311}面で囲まれた単結晶あるいは,{111}双晶面を1つだけ含む双晶,あるいは{111}面によって囲まれた多重双晶粒子の3種類が出現することが分かってきた。

形成された核が双晶の場合,大きく成長させた結晶の内部に,人工核形成点から結晶表面まで伝播された双晶界面が観察された[5]。本方法で成長した結晶は,その粒界位置を決定できることにより,粒界が正確にトランジスタのチャンネルを横切るように素子を配置することも可能であり,粒界そのものの物性を調べる上でも有効である。粒界のトラップ準位密度が,電界効果トランジス

タのドレイン電流の温度依存性から求められ，$6\times10^{11}cm^{-2}$と定量された。なお，チャネルにこの種の粒界が直交すると，キャリヤー移動度は，約30％減少することが判明した[12]。4つの巨大結晶粒が衝突する箇所には空隙が生ずる。これは配線の断線をもたらすが，ガラス基板上に箱型の空隙を形成し，その底部に人工核形成点を設け，シリコンを成長させた後，選択研磨法を用いて平坦化することにより，上記四隅の空隙を回避できるばかりではなく，粒界をも含まない任意の形状とサイズの，均一な厚みを有する結晶島を形成することが可能となり，素子の集積化が進められた。

4.3.4 固相結晶化で単一核は選択的に形成できるか？

1 その背景

固相成長によって形成された多結晶シリコンを用いた薄膜トランジスタの研究開発がとみに盛んとなってきている[13]。SiO_2上に形成した非晶質シリコンの固相における結晶化過程は一定時間の潜伏時間を経た後，無秩序な核形成点における自発的な核形成に始まる。その後，各々の核は成長を続け粒になり，最後には粒どうしが接触して粒界が形成されることは気相からの成長と同様であり，600℃程度の比較的低温の成長であれば，粒どうしが合体するいわゆる，粒成長は無視できるものと考えられる。この成長形態は，出発材料である非結晶シリコンそのものの構造と，その結晶化過程に律せられる。すなわち，アモルファス相から結晶相へ原子がGibbsの自由エネルギーの障壁を越えることによって可能となる結晶核の発生と成長は，その形成頻度とその成長速度の2つの物質量によって決定される。アモルファス相の構造を装飾することによって，結晶核の形成頻度と成長速度量を制御することができる。例えば，減圧CVDによりSiH_4から550℃でSiO_2上に堆積したアモルファスシリコン薄膜を，窒素中で600℃で熱処理を施すと，核形成頻度が大きいため即座に結晶化が始まり，最終的な最大結晶粒径は，0.5 μm未満である。一方，620℃で堆積した数十nmの粒径をもつ多結晶膜に，シリコンをイオン注入してアモルファス化した後に同じ温度で熱処理すると，数時間の潜伏時間の後に初めて，結晶粒が出現し，数十時間の後には，(111)双晶面を導入しながら種々の形態をもった，数μmにも達する樹枝状結晶粒が成長する。これは極端に核形成頻度を

低下させた例であり，また，潜伏時間の存在は，核形成頻度に時間依存性があることをうかがわせる。このようにして，粒径拡大されたランダムな多結晶薄膜にトランジスタを作成すると，そのチャネル長が粒径に近づいてゆくにつれ ($<5\,\mu\mathrm{m}$)，電界効果移動度のばらつきが顕著となってくること，およびサブミクロンのチャネル長になると，その電子移動度は 50 から 150 ($\mathrm{cm^2/V \cdot s}$) にも及ぶ広い分布が観察されることが報告されており，無秩序な粒界がその原因であると結論づけられた[14]。

[2] モデル

上記の問題を改善するために，気相で実証してきた単一核の選択成長を固相にまで拡張した。すなわち，アモルファス薄膜に局所的に核形成速度や潜伏時間に差異を導入して人工核形成点を付与しようとするものである。これを実現する手段はいくつか考えられるが，

1. 制御性が高いこと
2. デバイスまで考えて，不純物は導入しないこと
3. 工程をできるかぎり簡略化すること

を考慮して，基板表面には凹凸などの装飾を施さず堆積したアモルファスシリコン薄膜へシリコンイオンの注入条件（注入エネルギー，注入量）を薄膜表面内で局所的に変化させることにより，核形成とその成長を決定づける核形成頻度，成長速度，潜伏時間の諸量を調節した。これにより，平坦で，より均一な粒径からなり，かつその粒の核形成点まで指定された，多結晶薄膜が形成された。次に，この固相 SENTAXY の最も簡素なモデルを立て，それに基づいて諸条件を理論的に定式化した。

アモルファス薄膜表面内において，一辺 a の正方形人工核形成点が間隔 b の正方格子点に配されているとする。成長を開始してから，潜伏時間 τ_a 経過後に核形成点には初めての核が形成され，成長速度 v_a で成長していくと同時に，核形成頻度は γ_a で他の核形成点にも核が生じるなら，単一核の選択形成条件は，核形成点のサイズ a に上限と下限を与える。その下限は，すべての人工核形成点に核を生じさせる十分条件であり，一方，上限は核形成点における複数固の核発生を禁じる必要条件であり，次式のように与えられる。

$$\{\gamma_a(\tau_b - \tau_a)^{-1/2} < a < \{3v_a/(2\gamma_a)\}^{1/3} \tag{4.1}$$

ここで，τ は核形成点の外の領域における潜伏時間である．そして選択された単一の核が成長速度 v_b で核形成点の外に $b \times b$ の領域の周縁まで成長してゆく間に，核形成点の外の領域において他の核が発生しないことが，選択成長の条件であり，次式で表せる．

$$\tau_b - \tau_a > (b-a)/(2v_b) + a/v_a + 1/(a^2\gamma_a) \tag{4.2}$$

100 nm の厚みを持つアモルファスシリコン薄膜を SiO_2 上に形成し，この薄膜面内に何らかの方法で人工核形成点が設けられたとする．これを 600°C 程度で熱処理する場合に，固相結晶化に関する諸物質量を測定した文献[15]から代表的な値を以下のように設定し，(4.1)，(4.2) 式へ代入する．

$\tau_a = 0.5\,h,\quad \tau_b = 5.0\,h,\quad v_a = 2.0 \times 10^{-4}\,\mu m \cdot s^{-1}$

$v_b = 1.4 \times 10^{-4}\,\mu m \cdot s^{-1},\quad \gamma_a = 3 \times 10^7\,cm^{-3} \cdot s^{-1}$

(4.1) 式より　　$0.248\,\mu m < a < 0.669\,\mu m$

(4.2) 式より　　$b < 3.629\,\mu m$　　$(a = 0.669\,\mu m)$

と求められ，核形成点のサイズ $a = 0.669\,\mu m$ とした場合には，少なくとも粒径 $3.629\,\mu m$ までは他の自発発生核に疎外されることなく成長できることが見積もれた．

3 実験と結果

アモルファスシリコン薄膜にシリコンイオンを注入することによって，その後の熱処理による固相結晶化過程において，潜伏時間と核形成頻度が変化するという知見に基づき，以下の実験を行なった．SiO_2 上に SiH_4 をソースガスに用いた減圧 CVD によって，100 nm の厚みのアモルファスシリコン薄膜を 550°C で堆積する．このシリコン薄膜に Si^+ イオンを投影飛程がシリコン薄膜と基板の SiO_2 の界面にくるように加速エネルギー 70 keV，ドーズ 1×10^{15} cm^{-2} で注入した後，窒素中 600°C で熱処理し，ランダムな点に核を形成させた．熱処理を開始してから 6 時間までは，核の発生は観察されないが，17.5 時間を経過したところで，TEM 観察した結果を図 4.28(a) に示す．(b) は，10 時間と 15 時間後に撮影された TEM 像を加えて，画像解析により計測された粒径分布である．アモルファス薄膜の中に〜16％の結晶化率でランダムな点に核形成した樹枝状結晶粒が観察される．この電子顕微鏡写真を一見しても，その粒径の分布は広い範囲に分布していることは明らかである．これを定

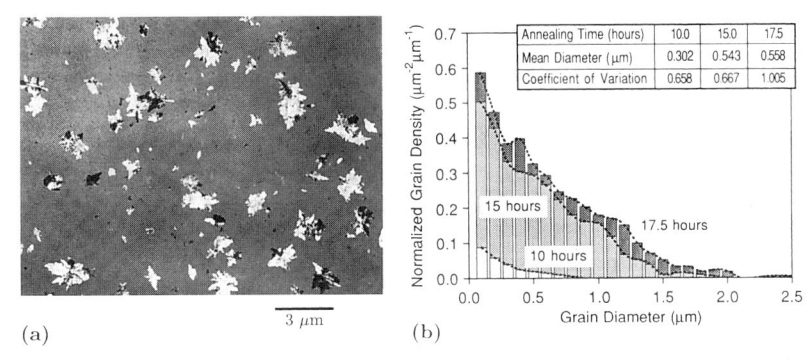

4.3 アモルファス基板上の選択的単一核形成法

図 4.28 Si イオン注入により形成されたアモルファス Si 薄膜を 608℃で熱処理した結果、ランダムな位置に自発的に核形成した樹枝状結晶粒。
(a) 結晶化率 16.4 %（17.5 時間後）の透過電子顕微鏡（TEM）
(b) TEM 像から画像処理により計測された 10, 15, 17.5 時間後の粒径分布

量化するため、画像処理を用いて、それぞれの粒の面積を計算させ、結晶粒径を円と仮定したときの直径を粒径とし、その密度と粒径の時間的相関を図 4.28 (b) に示した。熱処理時間は 17.5 時間後、最大粒径は 2 μm にも達しはするが、ミクロンオーダの粒はきわめて少数でそのほとんどは、サブミクロンサイズである。注意すべきことは、粒の密度は粒径が小さくなればなるほど増加する傾向を示しており、このことはとりもなおさず核形成頻度が、時間に対して一定ではなく、増加していくことを示す直接の証拠である。もし、Iverson と Reif[16]が仮定したように、定常状態では核形成頻度は一定であるとすると、その密度分布は、粒径によらず一定となるはずである。次に固相結晶化の過程で核形成点を制御した実験例を示す。図 4.29 にプロセスの流れを示す。前記同条件で厚さ、100 nm、のアモルファスシリコン薄膜を SiO_2 上に堆積した後、Si^+ イオンを 70 keV、$4 \times 10^{14} cm^{-2}$ で薄膜全体に注入する。レジストを 0.66 μm 径、3.0 μm 間隔に格子点状にパターニングした後、これをマスクとして再度 Si^+ イオンを 70 keV、$2 \times 10^{15} cm^{-2}$ で注入することによって、人工核形成点を作成する。レジストを除去した後、前記同条件にて熱処理した結果、結晶核は人工核形成点の、恐らくは Si/SiO_2 界面近傍に優先的に形成され、結晶化率 16.5 %で 1 μm を越える結晶粒が指定された核形成点に成長した。この結果を図 4.30 (a)、(b) に示す。粒径分布は、5、10、15 時間後にはそれ

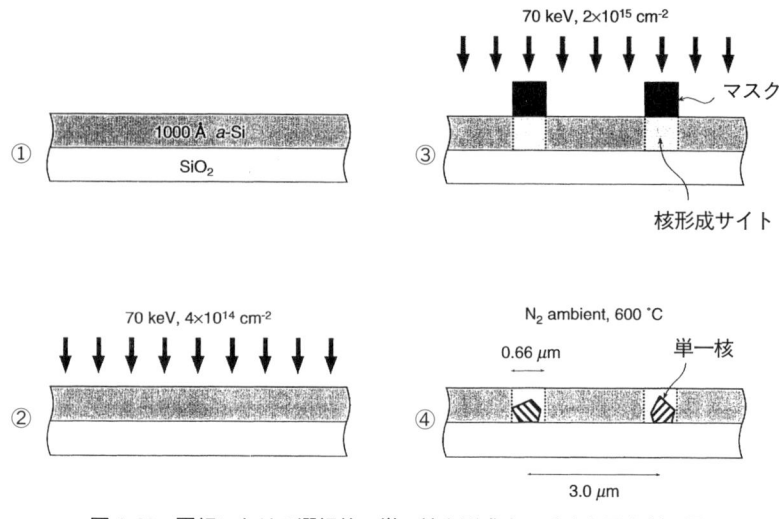

図 4.29 固相における選択的に単一核を形成する手法を示す断面図
① 非晶質 Si を減圧 CVD により堆積　② Si イオンを前面に注入
③ Si イオンをマスクを用いて部分的に注入　④ 熱処理により単一核が成長

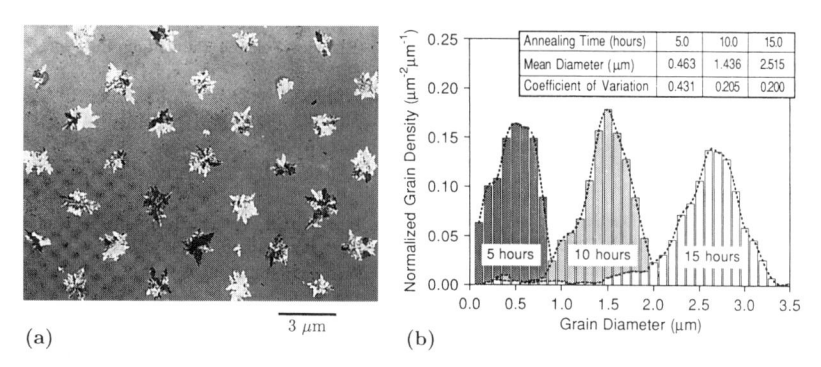

図 4.30　固相 Sentaxy により格子点状に配置された結晶粒群
（a）600℃，10 時間の熱処理により成長した位置制御された樹枝状結晶群を観察した TEM 像
（b）画像処理により計測された，5，10，15 時間後（熱処理）の粒径分布

それの分布のピークは 0.5，1.5，2.6 μm 近傍に集中しており，ランダムに自発核形成した場合と比較すると，著しい差異と向上が確認された．加えて，結晶粒が単一のドメインからなることを調べるために，多数個の粒に関して制限

視野における電子線回折をとった。双晶の存在を反映するエキストラ・スポットは観察されはするものの，単結晶に特有な長距離秩序を示す回折が確認され，核結晶は，単一の結晶核より成長した大粒径樹枝状結晶であると結論づけられた。ほとんどの結晶は，すでに人工核形成点を越えて横方向へ成長しており，さらに熱処理時間を延長することにより，膜全体が結晶化し平坦かつ粒径分布が均一で，結晶粒の位置も制御された構造を有するシリコン結晶薄膜がSiO_2上に形成することが初めて可能となった。

5 まとめ

シリコンとシリコン酸化膜の界面反応の研究に端を発し，多結晶の粒成長，グラフォエピタキシーを経て，「非結晶質表面における核形成点の制御」に辿り着いた。当初，アモルファス基板上で，多結晶薄膜の選択堆積を行なっているうちに，堆積の初期過程に興味をもち，単一の核を選び出して成長させられないものか，という考えに取り憑かれた。本節ではシリコンにおいて，気相からの選択的な単一核形成のみならず，固相においても単一核形成が可能であることを紹介した。なお，本方法を，シリコン以外の材料系に適応してみるのも，きわめて興味深く，すでにダイアモンド[17]や化合物半導体において，いくつかの報告がある。今後この手法は，天然素材を用いるエピタキシャル成長が可能でない系や，量子ドットやナノ構造などのように，その三次元的位置を高度に制御することが必要になるような，人工的な結晶構造の形成に貢献すると期待される。

文 献

1) H. I. Smith and D. C. Flanders : *Appl. Phys. Lett.,* **32**, 349 (1978).
2) DC. Shaver : "Alignmnt of Liquid Crystals by Surface Grantings", Technical Report #538, Licoln Laboratory, MIT, October 1979.
3) T. Yonehara, H. I. Smith, C. V. Thompson and J. E. Palmer : *Appl. Phys. Lett.,* **45**, 631(1984)
4) N. N. Sheftral : Growth of Crystals, 10, ed. by N. N. Sheftal (Consultants Bureau, New York, 1976) P. 195
5) 米原隆夫，西垣有二，水谷英正 : 応用物理学会誌, **57**, 1387 (1988)

6) B. A. Joyce and J. A. Bradley : *Nature* (London), **195**, 485 (1962).
7) T. Yonehara, S. Yoshioka and S. Miyazawa : *J. Appl. Phys.*, **53**, 6839 (1982).
8) W. A. P. Claassen and J. Bloem : *J. Electrochem. Soc.*, **195**, 194 (1980).
9) H. Kumomi and T. Yonehara : *Mat. Res. Soc. Symp. Proc.*, Boston, 1990 (Elsevier Science Publishing Co., Inc., 1991) **202**, 83.
10) H. Kumomi and T. Yonehara : *Mat. Res. Soc. Symp. Proc.*, Boston, 1990 (Elsevier Science Publishing Co., Inc., 1991) **202**, 645.
11) K. Yamagata and T. Yonehara : *Appl. Phys. Lett.*, **61**, 2557 (1992).
12) 近藤茂樹, 水谷英正, 米原隆夫, 山方憲二:第50回応用物理学関連連合講演会予稿集 (1989) 327 a-A-4, p.540.
13) R. Reif and J. E. Knott : *Electron. Lett.*, **17**, 586 (1981).
14) N. Yamauchi, J-J. J. Hajjar and R. Reif : IEDM Tech. Digest 89-1231 (1989).
15) N. Yamauchi and R. Reif : *J. Appl. Phys.*, **75**(7), 3235 (1994).
16) R. B. Iverson and R. Reif : *J. Appl. Phys.*, **62**, 1675 (1987).
17) J. S. Ma, H. Kawarada, T. Yonehara, J. Suzuki, Wei, Y. Yokota and A. Hiraki : *J. Cryst. Growth*, **99**, 1206 (1990).

4.4 強誘電体の成長

4.4.1 エピタキシャル誘電体薄膜の利点

電荷を蓄える目的で容量素子（キャパシター）に使用される絶縁体を，誘電体（dielectrics）という．電極面積 A，電極間距離 b が同じ場合には，電極間にはさんだ誘電体の誘電率 ε が大きいキャパシターほど，大きな電荷を蓄積することができる．

誘電体の中には，電位差をゼロに戻してもキャパシターの電極に電荷が残留し，しかもその残留電荷の極性を外部から加える電圧によって反転できるものがある．このような特殊な性質をもつ誘電体が，強誘電体（ferroelectrics）である．強誘電体キャパシターに交流電圧をかけ，電圧と電荷の関係を測定すると，電圧の上昇時と下降時では電荷が異なり，図4.31に示すようなヒステリシス曲線を描く．

強誘電体材料および高誘電率材料の薄膜技術が，不揮発性メモリーやダイナミック・ランダム・アクセス・メモリー（Dynamic Random Access Mem-

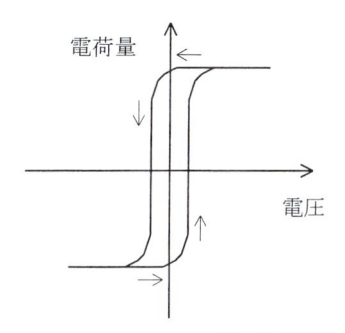

図 4.31　強誘電体キャパシターにおける，電圧と電荷量のヒステリシス曲線
電圧 0 V で電荷量は 2 つの安定状態を示す。

ories；DRAM)など，次世代半導体メモリーの分野において大きな役割を果たすことが期待されている。これらのメモリーは MOS トランジスタとキャパシターの組み合わせで構成されており，個々のキャパシターに電荷を蓄積することにより，デジタル情報を記憶するという原理で動作する。したがって，キャパシターに使用する誘電体の特性が，メモリーの性能や集積度を大きく左右する。図 4.31 の強誘電体のヒステリシスを例にとると，電圧ゼロにおける残留電荷の値が大きいことや，小さな電圧で電荷の極性を反転できることなどが，不揮発性メモリーへの応用上，好ましい強誘電特性であるということができる。

　強誘電性メモリー用として検討されているのが，ジルコン酸チタン酸鉛 Pb(Zr, Ti)O_3 (以下 PZT と略す) などの強誘電体の薄膜である。一方，1 G ビット以上の高集積化 DRAM 用として，チタン酸バリウム・ストロンチウム(Ba, Sr)TiO_3 (以下 BST と略す) などの高誘電率薄膜が注目されている。BST も強誘電体に属するが，強誘電相と常誘電相の間の強誘電相転移温度（キュリー温度，Curie temperature；T_c）が 130°C 以下であり，PZT よりも低い。このため BST の場合には，強誘電性を利用するよりも，むしろ常誘電相において示す高い比誘電率（バルクでは 10,000 以上に達する）が注目されている。

　これらの強誘電体は，ともに図 4.32 に示すようなペロブスカイト型の結晶構造をもち，一般に ABO_3 という化学式で表される。結晶の骨格を形成しているのは，大きなイオン半径をもつ A サイトを占める陽イオンと O サイトを占める酸素イオンであり，比較的小さいイオン半径をもつ B サイトの陽イオン

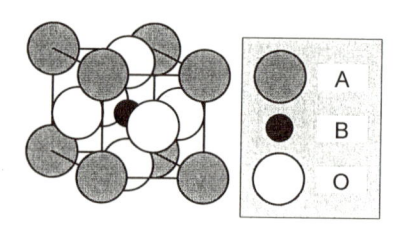

図 4.32　ペロブスカイト型結晶構造

チタン酸バリウム（$BaTiO_3$）をはじめとする多くの酸化物強誘電体材料は，このような結晶構造を有する。

は八面体を構成する 6 個の酸素に取り囲まれている。外部から電界を加えたとき，酸素八面体中に位置する B サイトイオンが大きく変位することが，大きな誘電率や強誘電性が発現する起源であると考えられている。

　現在，盛んに検討が進められているのは，このようなペロブスカイト型結晶構造をもつ微細結晶の集合体（多結晶）の薄膜であるが，近い将来メモリーの集積化が進展すると，より高性能を示すエピタキシャル強誘電体膜が要求される可能性が高い。図 4.33 に多結晶膜とエピタキシャル膜の断面図を模式的に示す。多結晶薄膜と比較した場合，エピタキシャル成長した誘電体膜では次のような特徴をもつ。

　　1. 粒界がない。
　　2. 結晶方位が揃っている。
　　3. 基板（下部電極）に対して結晶が連続的である。
　　4. 膜の表面がより平滑である。

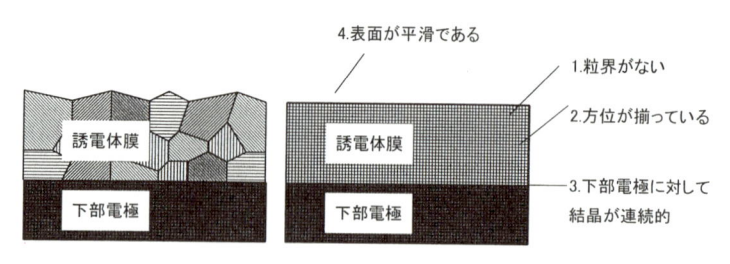

図 4.33　多結晶薄膜とエピタキシャル誘電体薄膜の比較

エピタキシャル薄膜を用いることにより，信頼性に優れたキャパシターの作製が期待できる。

これらの特徴により，高性能で均一性に優れた薄膜キャパシターを作製することが可能となり，将来的に半導体メモリーの高集積化を期待することができる。

最近，エピタキシャル成長させた誘電体膜において，基板との格子不整合に起因する歪みを積極的に利用することにより，人為的にキュリー温度を 200℃以上上昇させることができるという現象が報告されている[1]。強誘電体を不揮発性メモリーに適用する場合，電界ゼロの状態（$E = 0$）における自発的な分極（spontaneous polarization；P_s）が熱的な擾乱や電気的ノイズに対して十分安定でなければならず，このためキュリー温度は高いことが望ましい。

一般的な傾向として，キュリー温度が高い強誘電体には Pb や Bi のように分極率が大きな元素が含まれている。これらの元素はもともと分極しやすい性質があるものの，化学的には不安定であり，高集積化が要求される Si プロセスとの適合性に多くの問題を抱えている。格子不整合を利用して人為的にキュリー温度を変えることができれば，不揮発性メモリーに利用できる誘電体の選択範囲が広がり，化学的により安定な BST などにも利用できる可能性が出てくる。

ここでは，エピタキシャル強誘電体薄膜の分野における最近のトピックスとして，格子不整合を利用して強誘電特性を制御する技術について取り上げる。まず，格子不整合によりもたらされる応力がエピタキシャル強誘電体薄膜の強誘電特性にどのような影響を与えるかについて考察し，次に実際に作製したエピタキシャル強誘電体膜の結晶学的な性質，および格子不整合歪みを有するエピタキシャル BST 膜の強誘電特性の測定結果などを紹介する。最後にエピタキシャル強誘電体薄膜技術に関して今後期待される展開を記す。

KEYWORD ダイナミック・ランダム・アクセス・メモリー（DRAM）

ダイナミック・ランダム・アクセス・メモリー（DRAM）は電源を切ると記憶が失われるが，大容量で高速動作が可能なため，コンピュータの主記憶装置として使用されている。キャパシターに蓄えた電荷の有無によって情報を記憶している。

不揮発性メモリーとしては，FLASH と呼ばれる半導体メモリーが主流であり，デジタル・カメラの画像用などに用いられている。最近強誘電体の薄膜キャパシターを使った不揮発性メモリーが製品化されている。

COLUMN 応力による強誘電特性変化

代表的な強誘電体であるチタン酸バリウム（BaTiO₃）に等方的な（三次元的な）圧縮圧力を加えると，キュリー温度が低下することが知られている。このようなキュリー温度の変化の様子は，Devonshire の BaTiO₃ に関する熱力学的現象論[2]を用いて定量的に記述することができる。この理論では，誘電体の自由エネルギー G の変化を分極 P の多項式として展開する。二次元的な応力を加えた場合の強誘電体については，次のような単純化した式で表すことができる。

$$G = \frac{1}{2}\chi P^2 + \frac{1}{4}\xi_{11}P^4 + \frac{1}{6}\zeta_{111}P^6 - 2Q_{12}HP^2 \tag{C-1}$$

この式の第1項は，分極 P が電界 E に比例する単純な誘電特性（$P = \varepsilon_0(\varepsilon_r - 1)E$）を表している。ここで ε_0 は真空の誘電率，ε_r は比誘電率である。通常，誘電体内部では，外部から電界を加えて分極が発生すると，分極をゼロに戻そうとする復元力が働く。誘電体内部では電界 E をゼロにすると分極もゼロに戻るが，(C-1)式では復元力により分極ゼロ（$P = 0$）のときに自由エネルギー G が最小，すなわち最も状態が安定すると考える。係数 χ は，近似的に誘電率の逆数（$1/\varepsilon_0(\varepsilon_r - 1)$）に相当する。誘電率は大きいということは χ が小さいことに相当し，分極に働く復元力が弱いことを意味する。

一方，強誘電体の非線型な誘電特性を記述するためには，P^2 の項に加えて P^4 や P^6 などの高次項（非調和項）を導入する必要がある。P に関して偶関数を仮定するのは，P と $-P$ が等価な状態でなければならないという結晶の対称性の要請からきている。また，最高次の係数（この場合 ζ_{111}）は正でなければならないと暗黙の約束がある。

強誘電体では係数 χ が温度 T の関数であり，多くの場合 $\chi = (T - T_0)/C\varepsilon_0$ で表されるキュリーワイス則に従って変化する。温度 T がキュリーワイス温度 T_0 に近づくと，χ は極めて小さい値となり（誘電率は大きくなり），ついには負となる。このとき，もはや結晶の内部で分極に対する復元力が働かない，すなわち外部から電界をかけないにも関わらず，分極はゼロでない方が安定（強誘電相）となる。この場合，自由エネルギー G の最小値を与える分極 P 値が，強誘電体の自発分極 P_s に相当するが，その値は高次項の係数に強く依存する。

BaTiO₃ などの強誘電体では，分極 P が結晶を形成している陽イオンと陰イオンの位置のわずかな変位に起因しているため，応力により結晶が変形すると，強誘電特性

は敏感にその影響を受ける。この理論ではこの影響を電歪項を導入することによって記述している。(C-1)式では，強誘電体の薄膜が基板から二次元的な応力 $H = X_1 = X_2$（X_1, X_2 は，膜の面内の応力の xy 成分を表す）を受けていると考え，応力の影響が最終項によって表現されている。係数の Q_{ij} は電歪テンソルと呼ばれるが，その理由は分極 P_j に起因する結晶の歪み成分 x_i が一般に $Q_{ij}P_j^2$ に比例するためである。電歪項も第1項と同様に P^2 に比例する。したがって応力も，温度と同じように，分極の復元力の強さを左右している。

4.4.2 エピタキシャル BST 膜における格子不整合歪み

強誘電体に二次元的な圧縮応力を加えることにより，面内の方向に結晶が縮む一方，応力のかからない自由な垂直方向には結晶が伸ばされる。これにより，酸素八面体に囲まれた B サイトイオンは，垂直方向に変位しやすくなり，この方向には誘電率を大きくするような（その結果(C-1)式の χ を小さくするような）作用を及ぼすことが期待される。

例えば，(C-1)式に基づき，$Ba_{0.6}Sr_{0.4}TiO_3$ について適当な係数を仮定して計算を行うと，二次元圧縮応力 H による自発分極 P_s の温度依存性の変化について図 4.34 に示すような結果が得られる。高温側の常誘電相では，復元力が強いため自発分極を持たない（$P_s = 0$）が，温度低下に伴う χ の変化により，

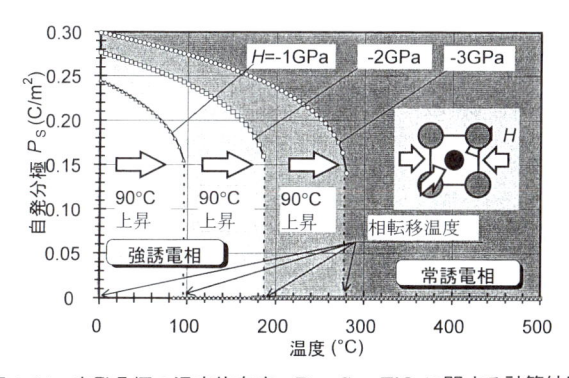

図 4.34　自発分極の温度依存症，$Ba_{0.6}Sr_{0.4}TiO_3$ に関する計算結果

1 GPa の二次元圧縮応力 H を加えることにより，強誘電相転移温度が約 90°C ずつ上昇する。相転移温度で，自発分極はゼロから $0.15\,C/m^2$ まで不連続に変化しているが，このような相転移は一次転移と呼ばれている。

ある温度で強誘電相への相転移が起こり，自発分極が不連続に変化する（図4.34では相転移が1次であるため，相転移温度で自発分極がゼロから約0.15 C/m²にジャンプしている）。

図4.34では応力がない状態（$H = 0$）ならば，0°C付近にあるはずの相転移温度が，二次元的な圧縮応力 H を1GPa加えるごとに90°Cずつ高温側に移動する，という計算結果が得られている。このように，二次元圧縮応力を加えると，それと垂直な方向については，分極の復元力が弱まり強誘電性が表れやすくなるということができる。逆に引っ張り応力の場合には，分極の復元力が強まり，相転移温度は低温側に移動するはずである。

次に，$SrTiO_3$ から $BaTiO_3$ まで組成の異なるBST膜を，$SrTiO_3$ 単結晶基板の上にエピタキシャル成長させた実験結果を示す。BST は $SrTiO_3$ と $BaTiO_3$ の全組成領域で混晶を作ることが知られており[3]，図4.35に模式的に示したように，組成を制御することで格子不整合の大きさを0％から2％まで変化させることができる。したがって，強誘電体薄膜における格子不整合の影響を系統的に調べる上で好都合である。

エピタキシャルBST膜は，高周波マグネトロンスパッタリング法を用いて作製した。Ar/O_2 の混合雰囲気中にセットしたBSTの焼結体（セラミックス）のターゲットに13.56 MHzの高周波を投入し，プラズマ中の電離したイオン（主として Ar）がターゲットに衝突した際にターゲットから飛び出す粒子により薄膜を作製するという方法である。エピタキシャル成長させるためには基板

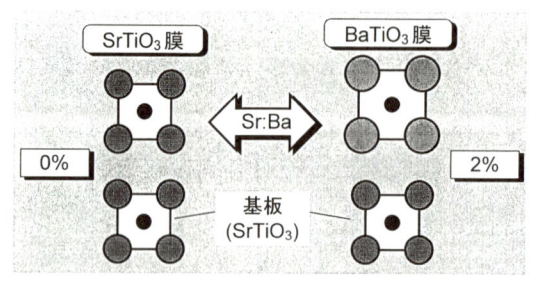

図4.35 $SrTiO_3$ 基板と（Ba_xSr_{1-x}）TiO_3 薄膜の間の格子不整合
Ba と Sr の組成比を変化させることにより，格子不整合の大きさを0％から2％まで変化させることができる。

4.4 強誘電体の成長   *145*

温度約 600～700°C にする必要がある。

　誘電特性を測定するためには，強誘電体膜を導電性の電極上に成長させる必要がある。下地電極としては，強誘電体のエピタキシャル成長の際，高温の酸素雰囲気中にさらされたとき，導電性を失うようでは電極としての機能を果たさない。このため，Pt などの貴金属類や，導電性酸化物が用いられている。強誘電特性は，電極と誘電体の界面構造にも強く依存するので，強誘電体膜の成長そのものと同様に，電極材料の選択と，結晶性の制御も重要である。

　$SrTiO_3$ (100) 単結晶基板の上に，まず下部電極膜として導電性のペロブスカイト型酸化物である $SrRuO_3$ (SRO) 膜（膜厚約 50 nm）を作製し，さらにその上に連続的に BST 膜を作製した。BST 膜の作製には，$SrTiO_3$ と $BaTiO_3$ との 2 つの焼結体ターゲットを使用し，それぞれのターゲットに投入する高周波電力を調整することにより，7 種類の組成の異なる BST 膜を作製した。

　BST 膜のエピタキシャル成長は，X 線回折により確認した。BST 膜の (002) 回折線のロッキングカーブから求めた半値幅（full width at half maximum）の値は約 0.1°で，結晶の配向が良好なエピタキシャル膜であることを確認した。組成の異なる BST 膜（膜厚約 80 nm）の (001) 回折角から算出した格子定数を図 4.36 に示す。破線で示したバルクの格子定数に比べて，実線で示したエピタキシャル成長後の BST 膜の格子定数は伸びている。格子整合性のよい $SrTiO_3$ 側の組成では伸びが小さいが，Ba の量が増えるに従って

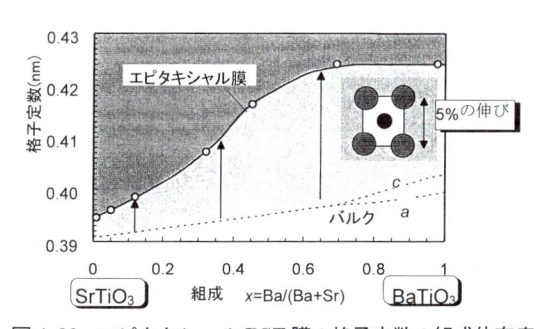

図 4.36　エピタキシャル BST 膜の格子定数の組成依存症

破線はバルクの格子定数を表す。エピタキシャル成長した BST 膜では，膜厚方向の格子定数の大きな伸びが観測された。

伸びは大きくなり，最も格子不整合の大きな BaTiO$_3$ では伸びが 5％に達した．組成による格子定数のこのような系統的な変化は，基板とエピタキシャル BST 膜の間の格子不整合によって説明が可能である．ただし，この実験では Ba 量が多すぎる場合に，組成に対する格子定数の伸びが直線的な変化からずれる傾向が見られた．これは格子不整合が大きすぎ，歪みの緩和が生じたためであると考えられる．

　エピタキシャル強誘電体膜の評価としては，X 線による結晶構造の解析から貴重な情報が得られるものの，最終的にはキャパシタ構造を作製して，その強誘電特性の測定により，その善し悪しを評価する必要がある．

4.4.3　エピタキシャル BST 膜の強誘電特性

　格子不整合歪みが導入されたエピタキシャル強誘電体薄膜において，実際に誘電特性がどのように変化するのか調べた結果を示す．図 4.37 に，Ba$_{0.6}$Sr$_{0.4}$TiO$_3$ 膜（膜厚 50 nm）に関する，電圧対分極のヒステリシス曲線を示す．図 4.34 にも示したように，この組成のキュリー温度は約 0℃付近にあることが知られており，本来ならば室温で測定した場合，電圧を上昇させながら測定した分極と下降時の分極が一致し，ヒステリシスを示さないはずである．ところ

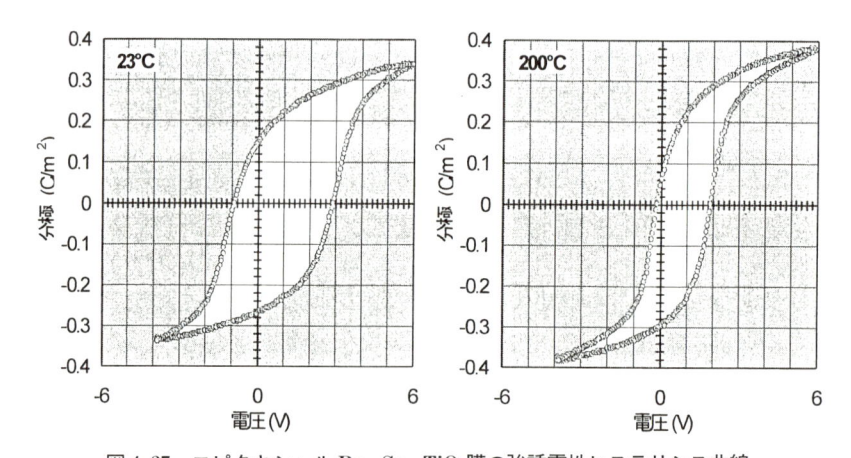

図 4.37　エピタキシャル Ba$_{0.6}$Sr$_{0.4}$TiO$_3$ 膜の強誘電性ヒステリシス曲線

膜厚 50 nm，周波数 500 Hz．格子不整合歪みの導入により，本来のキュリー温度よりも 200℃以上，上昇させることが確認された．

が，エピタキシャル成長したBST膜では，室温（図4.37の左）のみならず，200℃（同図右）においても強誘電性によるヒステリシスが明瞭に観測された。したがって，エピタキシャル成長後はキュリー温度が200℃以上に上昇していることになる。

このように，格子不整合を利用すると，エピタキシャル強誘電体膜に二次元的な圧縮応力を加えることができ，結果的に強誘電相転移温度という強誘電体材料にとって，最も重要な材料定数さえも変化させることができる[11,12]。この原理を利用すれば，基板あるいは薄膜材料の選択により格子不整合を適当な大きさに制御し，応用上望ましい強誘電特性を得ることも可能である。

4.4.4　むすび

ヘテロエピタキシャル成長した強誘電体薄膜においては，格子不整合歪みを利用することにより，人為的に強誘電相転移温度を200℃以上上昇させることが可能であることを示した。従来，キュリー温度が低いために不揮発性メモリーの応用には適さないと考えられていた誘電体でも，このような現象を積極的に利用することにより，不揮発性の強誘電体メモリーにも応用できる可能性がある。

しかしながら，実際にエピタキシャル強誘電体膜を半導体メモリに応用し実用化するためには，$SrTiO_3$のような酸化物単結晶基板の上ではなく，Si基板上にエピタキシャル成長させることが必要である[5]。残念ながら，Si基板上では格子不整合が大きすぎるために，$SrTiO_3$基板上にエピタキシャル成長した強誘電体薄膜ほど，結晶性が良好なのものが得られていないという状況にあり，今後の成膜技術の発展が期待される。

また，エピタキシャル膜の強誘電特性については，往々にして図4.31に示したように，ヒステリシス曲線が原点に対して非対称となり，中心が電圧軸方向（この場合には正方向）にシフトしたような形として観測される。非対称性がはなはだしく大きい場合には，電圧ゼロで分極の双安定状態を実現できない，すなわち，エピタキシャル膜を不揮発性メモリーに利用することができなくなってしまう。このような非対称性が生じる原因については，これまでのところ必ずしも明らかとはなっていない。今後メカニズムの解明とともに，解消

するため方策を明らかにすることが期待される。

文　献

1) K. Abe and S. Komatsu : *J. Appl. Phys.*, **77**, 6461 (1995)
2) A. F. Devonshire : *Philos. Mag.*, **40**, 1040 (1949)
3) M. McQuarrie : *J. Am. Ceram. Soc.*, **38**, 444 (19550
4) 飯島賢二, 矢野義彦, 寺嶋孝仁, 坂東尚周：応用物理 **62,** 1250（1993）
5) Y. Yano, K. Iijima, Y. Daitoh, T. Terashima, Y. Bando, Y. Watanabe, H. Kasatani and H. Terauchi : *J. Appl. Phys.*, **76**, 7833 (1994)

5 プラズマ励起エピタキシー

本章においては，プラズマにより生成されるイオンや中性の活性種を利用したエピタキシャル成長法について述べる。プラズマ励起プロセスは，従来ドライエッチング技術，低温絶縁膜堆積技術，スパッタ技術，アモルファスシリコン堆積技術などとして幅広く利用されてきたが，最近低温成長，再成長，高濃度ドーピングなどを目的とした励起エピタキシャル成長技術として，注目されてきている。また窒化物半導体のように，分解しにくい原料ガスを利用した低温エピタキシャル成長技術としても，欠くことのできない技術となってきている。

5.1 原理，特徴と分類

プラズマに供給された電磁場により，加速され高エネルギーを得た電子は，原料ガスと非弾性散乱を繰り返し，次々とイオン化を進めるとともに，中性のラジカル（遊離基）や電子励起状態にある分子や原子，さらに振動，回転などの励起状態にある分子などの，多種多様な活性種を形成する。

MBE 成長の場合，蒸発源から基板に入射する基底状態の分子が持つ運動エネルギーは，$k_B T$（k_B：ボルツマン定数，T：蒸発源の温度）程度となり，高々 0.1 eV のオーダである。これに対し中性のラジカルの形成エネルギーは，解離エネルギーに相当し数 eV 程度である（窒素の場合は，9.8 eV）。また電子励起状態にある分子（図 5.1 に示した窒素の場合，A，B，C の状態に相当する）は基底状態より 5～10 eV 上にあり，振動や回転の持つ分子の運動エネルギーは通常の場合 1 eV 以下（プラズマ励起の窒素の場合発光分光分析から，

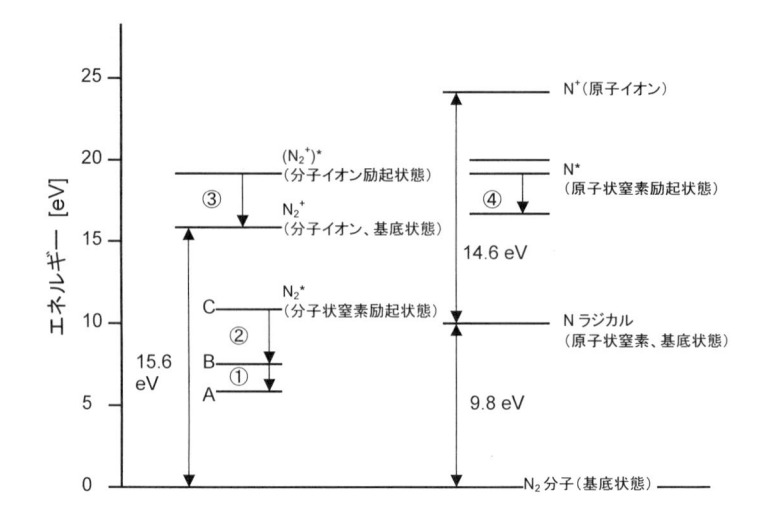

図5.1 窒素の各種励起状態のエネルギーの関係

N$_2$分子は15.6 eVのエネルギーを得るとイオン化することができる。中性のN$_2$分子には，A，B，Cという異なった電子励起状態が存在し，その励起状態間の遷移過程を，それぞれ1stポジティブシステム，2ndポジティブシステムと一般的に呼んでいる。窒素分子が2つの原子状の窒素に解離するには，9.8 eVが必要である。この原子状窒素がイオン化するには，さらに14.6 eVのエネルギーが必要である。すなわち，基底状態のN$_2$分子がイオン化した原子状の窒素となるには，24.4 eVが必要ということになる。

約0.6 eVと見積もられている[1])と考えられている。したがって基底状態にある分子に比べ，中性の活性種は，大まかに言って5～10 eV程度のエネルギーを余分に持つ励起状態にあると言える。

一方，分子や原子のイオンの形成には，15 eV程度のイオン化エネルギーが必要で，これに相当する余分なエネルギー（窒素分子イオンの場合は15.6 eV，窒素原子イオンの場合は原子状窒素からさらに14.6 eV）を持っていることになる。さらに，イオンはプラズマ流中の電界やイオンシース（プラズマと絶縁性物質との接触部に形成される電子に比べイオンの多い領域で，ここではもはや中性とはなっていない）による電界により加速されて，基板表面に到達する。プラズマ流中の電位やシース電位は，装置の形状やプラズマの状態で

異なるが，それぞれ 10 eV 程度であり，トータル 20～30 eV の加速エネルギーを得て，基板表面に到達するのが一般的である．引き出し電極や基板にバイアスをすると，イオンを加速したり，あるいは減速したりすることができ，広範囲にそのエネルギーを制御することができる．参考のために窒素分子の基底状態に対する，ラジカル（原子状窒素），中性の分子の励起状態，原子および分子のイオンのエネルギー状態の関係をまとめて図 5.1 に示す．

以上述べてきたことから，中性の励起種に比べて，イオンは，はるかに大きな励起効果を示すことになるが，一方でエピタキシャル成長した結晶中にダメージを導入したり，100 eV を越えると，基板表面からスパッタリングにより原子をはじき飛ばすなどの過程も顕著になってしまう．このため，プラズマ励起エピタキシーを有効に利用するには，イオンのエネルギーの制御が極めて重要なことになる．

プラズマの発生法，電力の供給法から見ると，DC プラズマ法，RF プラズマ法，ECR（Electron Cyclotron Resonance）プラズマ法などに大きく分類することができる．超高真空中で行われることが多いエピタキシャル成長への応用としては，13.56 MHz の高周波を用いる RF プラズマ法と，2.45 GHz のマイクロ波と 0.0875 T（875 G）の磁場を印加することにより得られる，電子サイクロトロン共鳴吸収を用いた ECR プラズマ法がよく用いられる．両者を比較すると ECR プラズマの方が，10^{-4}～10^{-5} Torr という超高真空中でも，プラズマの発生・維持が容易に行えるため，MBE 法には整合性がよく，かつ電子温度が高いため励起効果も大きい．しかし，イオンの発生比率が高く（ECR プラズマでは 10^{-2} 程度で，RF プラズマの 10^{-4}～10^{-5} 程度に対し 2 桁程度高い），エネルギーの制御を十分に行わないと，ダメージを導入する結果となってしまう．

プラズマの発生領域と成長領域との位置関係から見ると，プラズマ中に基板を置いて成長する場合と，プラズマと基板の位置を分離して成長する場合がある．前者ではラジカル，中性励起種，イオンなど全ての励起エネルギーが有効に利用できるが，すでに述べたように，シース領域で加速されたイオン衝撃に起因するダメージの導入が問題になり，磁場や電場を印加するなどの工夫が必要となる．一方，プラズマ領域と成長領域が分離されている場合には，イオン

のエネルギーを独立に制御でき，ダメージの導入を低減化できるが，一方で寿命の短い励起種は基板に到達する以前に安定状態に移り，十分な励起効果が得られなくなってしまう場合もある。励起効果を十分に活用しながらイオン照射ダメージを低減化するためには，プラズマ源と基板との配置，イオン制御電極の配置などに対する配慮が必要である。

5.2 プラズマ励起効果とプラズマ診断法

　成長素過程に与えるプラズマ励起効果は，気相中での原料ガスの分解と活性な成長種の生成，成長種の基板表面上での吸着，脱離過程の促進，成長種の表面マイグレーションおよび化学反応（表面分解および化学結合）の促進，イオン照射による核生成の促進と，運動量とエネルギーの表面原子への供給などが期待される。プラズマ中に形成される各種の励起種と成長素過程を，分かりやすく模式的に示したのが図5.2である。

　プラズマ中では，中性の分子は電子励起状態や振動・回転・並進などの運動エネルギーを持った励起状態になる。また，イオン化した分子も形成される。

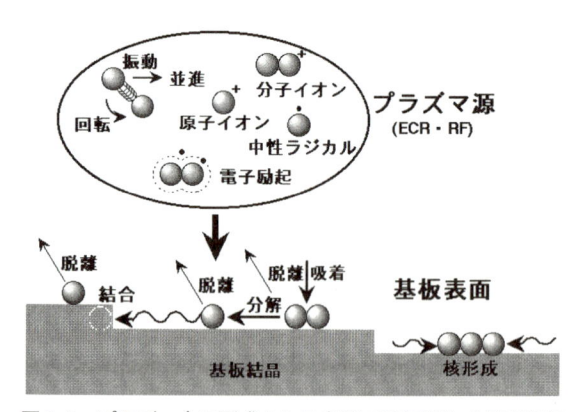

図5.2 プラズマ中に形成される各種の励起種と成長素過程

　プラズマ中では，中性の分子は電子励起状態や振動・回転・並進などの運動エネルギーをもった励起状態になる。また，イオン化した分子も形成される。さらに解離した中性のラジカルになったり，イオン化した原子などの励起種も形成される。これらの励起種は基板表面に供給され，吸着・脱離過程の促進，成長種の表面マイグレーションおよび化学反応の促進，イオン照射による核生成の促進と運動量とエネルギーの表面原子への供給などの成長素過程への効果が期待される。

さらに解離して中性のラジカルになったり，イオン化した原子などの励起種も形成される。これらは基板結晶の表面に供給されるが，それぞれの励起種は固有の寿命を持っているため，プラズマ源中の励起種がすべて基板表面に到達するわけではない。表面に到達した励起種は，通常のエピタキシャル成長の場合と同様に，吸着，分解，マイグレーション，再脱離などのプロセスを経てステップやキンクの安定位置に到達したり，テラス上で二次元あるいは三次元の成長核を形成し，エピタキシャル成長が進むと考えられる。励起状態で基板表面に到達した成長種は，基底状態にある分子に比べ余分なエネルギーを持っているため，分解やマイグレーション，化合物の形成などの過程が促進されると考えられるが，表面からの再脱離過程が促進されることも予想される。III族とV族の成長種が同時に供給されている場合，活性なV族成長種の供給が十分でないと，III族成長種の再脱離過程が促進されるが，励起状態にある活性なV族成長種が十分に供給されると，化合物の形成が促進され，III族の再脱離過程は逆に抑制されることも考えられる。

　以上のように，プラズマ励起エピタキシーにおいては，関与する励起種の種類も多く，複雑で，成長機構をきちんと解明することは容易でない。このため，供給電力や磁場，供給ガスなどのプラズマ条件に対し，プラズマの状態がどのように変化するかを，評価することがまず必要になる。これをプラズマ診断と呼んでいる。

　プラズマ中の電子やイオンの濃度や温度などの物理的評価には，ラングミュアープローブ（探針）法が用いられる。この方法は，プラズマ中に挿入した探針のバイアス電位を変えながら，探針に流れる電流を測るものであるが，イオンなど帯電した物質の評価には有効であるが，ラジカルや中性の励起種の評価には用いることができない。

　これに対し，プラズマ発光分光分析は励起準位からの遷移過程を，発光スペクトルから知る方法であり，化学的に活性な中性の励起種の励起状態を調べる方法として有効である。しかし，発光遷移過程を観察するわけであるから，必ずしも成長に関与している励起種を直接観測しているわけではないことに注意する必要がある。この他，分解生成した成長種を知る上で，四重極質量分析なども用いられているが，オールマイティなプラズマ診断法はなく，いくつかの

プラズマ診断結果を組み合わせて，総合的にプラズマ励起状態を知る必要がある。

5.3 不純物ドーピングへの適用

不純物によっては，基板表面への付着確率が小さいため，ドーピングが困難な場合がある。例えば GaAs の場合，p 型の Zn，Cd，n 型の Se，Te などは付着確率が小さく，通常の MBE ではほとんどドーピングされない。永沼充ら[2]は，Zn 分子線を一部イオン化すると，付着係数が大きくなる効果を見い出した。すなわち，励起ビームの MBE への応用は，まずドーピングから始まった。

II-IV族の化合物半導体である ZnSe は，通常 n 型を示し，p 型ドーピングは長い間非常に困難な問題であった。N_2 は，分子状態では全くドーピングされないが，RF プラズマを用いて励起状態で供給すると，$1.0\times10^{18}/cm^3$ 程度の p 型ドーピングが可能となり，青緑色レーザが，初めて発振する原動力となった。励起状態（図 5.1 の A 状態）にある中性の窒素分子が，ドーピングに対し重要な役割を果たしていると報告[1]されているが，後に述べる GaN のプラズマ励起 MBE 成長の場合と同様に，プラズマ中に生成される原子状窒素が重要な役割を果たしている可能性を否定することもできない。

5.4 GaN 成長への適用

GaN など窒化物半導体の MBE 成長において，III族原料の Ga とともに V族原料の N を N_2 ガスとして基板上に供給しても，全く反応が起こらず GaN の成長を行うことはできない。これは N_2 ガスが安定で，その解離エネルギーが 9.8 eV と大きいことにある。N_2 ガスに代えて NH_3 を V族源として供給すれば，結晶成長を行うことができるが，その場合でも 800〜900°C程度の基板温度を必要とする。プラズマ励起した窒素を利用して，MBE 成長を行うと 700°C程度の低温でも GaN のエピタキシーを行うことができる。広く利用されている NH_3 と TMGa（トリメチルガリウム）による MOCVD 法の成長温度（約 1000°C）に比べ，300°C程度低い温度である。図 5.3 は ECR プラズマ源と RF プラズマ源の発光分光分析結果を比較して示したものである[3]。図

5.4 GaN 成長への適用

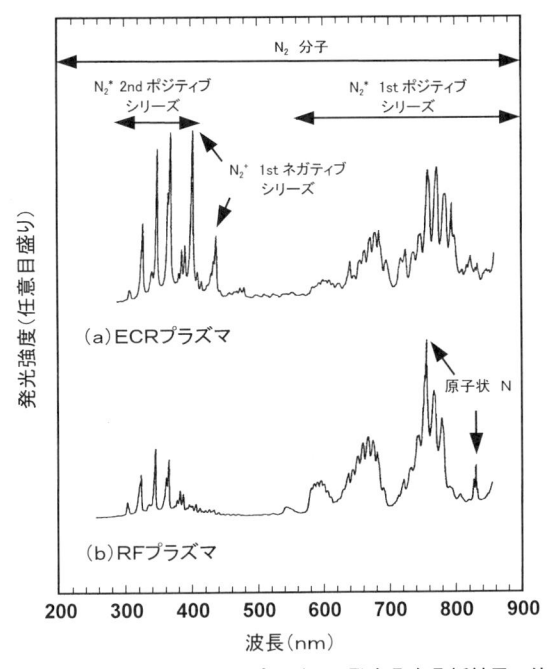

図 5.3　ECR プラズマと RF プラズマの発光分光分析結果の比較[3]

1st ポジティブシリーズは図 5.1 の①（B → A）の遷移，2nd ポジティブシリーズは②（C → B）の遷移，1st ネガティブシリーズは分子イオンの励起状態と基底状態間の遷移③に対応している。スペクトルの微細構造は，振動量子数の異なる準位間の遷移に対応している。

5.1 に示した各励起準位間の遷移に対応した発光スペクトルが観測されているが，スペクトルの微細構造は振動量子数の異なる準位間の遷移に対応している。RF プラズマでは，図 5.1 に示す第 1 ポジティブシステムや原子状窒素（窒素ラジカル）による発光強度が強いのに対し，励起効果の大きい ECR プラズマでは，第 2 ポジティブシステムやイオン化した窒素分子からの発光（第 1 ネガティブシステム）が強くなっている。成長層の品質についてはいろいろ意見の分かれるところであるが，RF プラズマの場合の方が優れているとの考え方の方が強い。成長速度とプラズマ発光分光分析との詳細な対応関係から，各種の励起種の中で原子状窒素（窒素ラジカル）が，GaN の MBE 成長に最も寄与していると考えられている[3]。ECR プラズマでは予測通り N_2^+ イオンが

多く発生している。ラジカルや励起状態の分子に比べ，イオンのエネルギーは大きく，欠陥を導入する確率も高くなる。したがって，これらのエネルギーを注意深く制御するか，あるいは除去しない限り，高品質層を得ることは難しいということを示唆している。

真空中で加熱した GaN (0001) 基板は，750～800℃程度から表面のエッチングが始まり，その速度は 850℃で 1 μm/h にも達する[4]。同様に GaN (0001) 基板上に供給した Ga は，基板温度 680～700℃程度から再蒸発が始まり，基板温度の上昇につれ指数関数的にその蒸発速度が増加する。Ga を基板表面に供給した状態で，原子状窒素（窒素ラジカル）や励起状態にある N_2 分子などを同時に供給すると，その再蒸発を抑制することができ，GaN の結晶成長を進行させることができる[5]。

ECR-MBE 法による GaN 成長中に発光分光分析を行うと，N_2 プラズマからの発光スペクトルに加えて，励起した Ga からの発光ピークを明瞭に観測することができる[6]。この発光強度をモニターすると，基板表面からの Ga の脱離量を見積もることができる。基板バイアス条件を変えた GaN の結晶成長の実験から，基板表面にイオンを加速して照射すると Ga の脱離量が増加し，成長速度が減少する。GaN 基板表面に物理吸着しマイグレーションしている Ga が，N_2^+ イオンの照射を受けて，再蒸発していると考えることができる。

すなわち GaN のプラズマ励起 MBE 成長では，GaAs の成長の場合に比べ，成長温度が 100℃以上高いため，成長中の基板表面から Ga の脱離が始まるが，特に 20～30 eV 程度のエネルギーを持つイオンが照射されると，脱離過程がより促進されるということができる。成長速度を上げ高品質な結晶を得るためには，イオンのエネルギーをさらに精密に制御する必要性を示唆している。

原子状窒素（窒素ラジカル）は Ga と反応しやすいため，Ga が基板上のキンクやステップなどの安定位置までマイグレーションする以前に反応して，GaN の三次元的成長核を形成しやすい。この問題を解決して，高品質の GaN 層を成長させるためには，十分なマイグレーションができるように成長温度を上げることが望まれる。しかし，同時に Ga の基板表面からの再蒸発の確率が増加することになる。これを防ぐには，原子状窒素（窒素ラジカル）の供給量を増やすことが肝要となる。当初，GaN の成長速度は 0.1～0.3 μm/h と遅く

5.4 GaN 成長への適用

て問題であったが,最近では原子状窒素(窒素ラジカル)の発生比率を上げたプラズマ源が開発され,2.6 μm/h という成長速度も得られるようになっている[7]。Ga の供給量に比べ原子状窒素の供給量が多すぎると,すでに説明したように三次元的成長が起こりやすくなり,高品質で平坦な成長層を得ることができない。逆に Ga の供給量が多すぎると Ga のドロップレットが形成され,やはり平坦で高品質な成長層を得ることができなくなる。すなわち,GaN 結晶の高品質化には,成長中の V/III 比の制御が極めて重要ということになる。しかし,成長に有効な窒素励起種の量を定量的に把握することは現状ではできない。結晶成長中の RHEED パターンを用いて,

(1) N リッチなスポットパターンから Ga リッチなストリークパターンに変化する点[8],

(2) 再配列構造が Ga リッチな (1×1) 構造から N リッチな (2×2) に遷移する点[9]

などを見つけだすことにより,ストイキオメトリー条件を満足する V/III 比を決定する方法が実用的には用いられている。このようにして決定した V/III 比の最適値より,わずかに Ga リッチ側で,電気的,光学的特性の最も良い成長層が得られている。

GaAs の場合と同様に,Ga と N を交互に供給する MEE (Migration Enhanced Epitaxy) 法により,Ga のマイグレーションを促進する試みも行われており,RHEED パターンがストリークとなり平坦な面を得る上で有効なことが確認されている[10]。この方法では Ga の再蒸発を抑える最適成長温度の設定が重要となろう。

プラズマ励起 MBE 法による GaN 結晶の高品質化には,V/III 比のみでなく,通常の MBE 法以上に,チャンバー内の残留不純物を少なくするための注意が必要である。これは不純物もイオン化され,成長層に取り込まれる確率が高くなるからである。

MBE 法により得られる GaN 結晶は N 極性となり,MOCVD 法により得られる GaN は Ga 極性となりやすいなどの特徴についても指摘されているが,その原因については未だ十分にわかっていない。

GaN のプラズマ励起 MBE 成長は低温で行うことができ,さらに原子層レ

ベルの厚さ制御性にも優れていることから，AlGaN/GaN などのヘテロ構造の作製とその電子デバイスへの応用に注目が集まっている。サファイア基板上に一度 MOCVD 法で GaN を成長させ，これを新しい基板（テンプレートと呼ばれる）として，この上に MBE 法で AlGaN/GaN ヘテロ構造を作製し，50,000 cm^2/V・s という MOCVD 法によって得られた値を超える低温（13 K）移動度も得られている[11]。高温で成長を行う MOCVD 法に比べ，平坦かつ急峻なヘテロ界面が形成できる可能性を示している。

この他，低温成長が可能な特徴を利用して，準安定状態である立方晶の GaN の成長や，石英ガラス基板上や ZnO 基板上への GaN の成長，さらには In の組成比の大きい InGaN 混晶の成長などへの応用も検討されている。

以上，多種類の活性種が関与するプラズマ励起エピタキシーについて，その概略を述べてきた。励起効果を十分に引き出し，有効にデバイス作製に利用していくためには，種々の評価手法を駆使して，複雑な成長機構をより詳細に解明していく努力が求められている。

文　献

1) K. Ohkawa, A. Ueno and T. Mitsuyu: *J. Cryst. Growth*, **117**, 375 (1992)
2) M. Naganuma and K. Takahashi: *Appl. Phys. Lett.*, **27**, 342 (1975)
3) W. C. Hughes, W. H. Rowland. Jr, M. A. L. Johnson, S. Fujita, J. W. Cook. Jr and J. F. Schetzina: *J. Vac. Sci. Technol.*, **B 13**(4), 1571 (1995)
4) N. Grandjean, J. Massies, F. Semond, S. Yu. Karpov and R. A. Talalaev: *Appl. Phys. Lett.*, **74**, 1854 (1999)
5) S. Guha, N. A. Bojarczuk and D. W. Kishker: *Appl. Phys. Lett.*, **69**, 2879 (1996)
6) Y. Chiba, Y. Shimizu, T. Tominari, S. Hokuto and Y. Nanishi: *J. Cryst. Growth*, 189/190, 317 (1998)
7) D. Sugihara, A. Kikuchi, K. Kusakabe, S. Nakamura, Y. Toyoura, T. Yamada and K. Kishino: *Phys. Stat. Sol.(a)*, **176**, 323 (1999)
8) H. Riechert, R. Averbeck, A. Graber, M. Schienle, U. Strauss and H. Tews: *Mat. Rec. Soc. Symp. Proc.*, **449**, 149 (1997)
9) P. Hacke, G. Feuillet, H. Okumura and S. Yoshida: *Appl. Phys. Lett.*, **69**, 2507

(1996)
10) K. Balakrishnan, H. Okumura and S. Yoshida：*J. Cryst. Growth*, 189/190, 244 (1998)
11) I. P. Smorchkova, C. R. Elsass, J. P. Ibbetson, R. Vetury, B. Heying, P. Fini, E. Haus, S. P. DenBaars, J. S. Speck and U. K. Mishura：Material Research Symposium 1999 Fall Meeting, W4.3, Boston Nov. 29-Dec. 3 (1999)

coffee break　　プラズマは物質合成のプロセスとしても魅力的！

　プラズマは正電気を帯びた粒子と，負電気を帯びた電子とがほぼ同じ密度で電気的中性を保って分布している粒子集団をいい，ネオンサインのランプや蛍光灯，稲妻や太陽などは皆プラズマ状態にある。プラズマ状態になった物質を，固体・液体・気体に次ぐ第四の物質状態と呼ぶこともある。この第四の物質状態を利用して，エピタキシャル成長を行おうとするのがプラズマ励起エピタキシーである。高い温度や高い圧力下など，通常の環境下では作成することの難しいダイヤモンド結晶などの作成や低い温度での結晶成長などに有効に利用され始めている。固体を熱して融解し液体にしたり，さらに熱して気体状態にするには，数 meV～数十 meV のエネルギーを与えればよいが，プラズマ状態にするには，数～数十 eV もの高いエネルギーを必要とするため，プラズマを利用して物質を作ろうとする試みは，比較的最近になって盛んになることになった。太陽がプラズマ状態になっているのはよく知られているが，他の恒星も同じようにプラズマ状態になっており，宇宙の物質は 99.9％がプラズマ状態にあると言われている。したがって，地球上ではごく一部の物質の作成に利用されているに過ぎないプラズマプロセスではあるが，宇宙全体の中ではごく普通の物質合成過程であるということが言える。

6 巨大分子のエピタキシー

　有機分子に代表される巨大分子について，最近になってエピタキシャル成長の研究が盛んに行われるようになってきた。それは，低次元物性・分子機能素子の集積化・生体機能発現機構などの観点から，界面での分子の構造化過程（結晶化・自己組織化・集積化など）の研究が必要になってきたためで，巨大分子のエピタキシーの基礎的また応用的な研究は今後必要性を増してくるものと思われる。

　これまでに合成開発された有機分子の数は，すでにケミカルアブストラクトに掲載されたものだけでも 1,850 万種にものぼると言われ，今後さらにその数は増加していくはずである。これまでの金属や半導体の分野で取り扱われる原子数に比較すると，それぞれの分子が独自の特性をもった膨大な種類の分子についてのエピタキシー研究が要求される。つまり，分子を単位とするエピタキシャル結晶成長を対象とすることから，分子形態・分子の電子状態・分子間相互作用などに起因する成長様式の特徴を，組織的に分類整理する作業がまず要求されている。界面安定構造として発現するエピタキシーは，分子と基板との相互作用と分子層内での分子間相互作用に依っている。これら両者のバランスで様々なエピタキシャル成長が引き起こされるわけで，この観点からのエピタキシーの分類を行うことが試みられている[1]。

6.1 平面多環式化合物系

6.1.1 はじめに

ここで取り上げる分子は平面状であることから，その分子面を基板に平行に成長することが期待される．また，分子内に多数の原子を含む大型の分子であることから，以下のような特徴も推論できる．無機/無機エピタキシーにおいて，金属や半導体などを同じ結晶系の異種無機結晶上へエピタキシャル成長させる場合に形成されるヘテロな界面で，お互いの安定構造の格子定数がそれほど異なっていなければ，成長膜のある厚さまでは転位を導入せず格子の弾性変形で格子不整合を吸収できる（図6.1(a)）．ところが，有機/無機や有機/有機成長での大型有機分子のエピタキシーでは，結晶構造の単位格子は分子サイズに関係するため，格子定数や対称性が大きく異なった基板上への成長を考えなければならない．つまり，分子を構成する原子位置と基板原子位置との単純な整合性は一般にはなく（図6.1(b)），この点が大型有機分子のエピタキシャル成長の大きな特徴である．

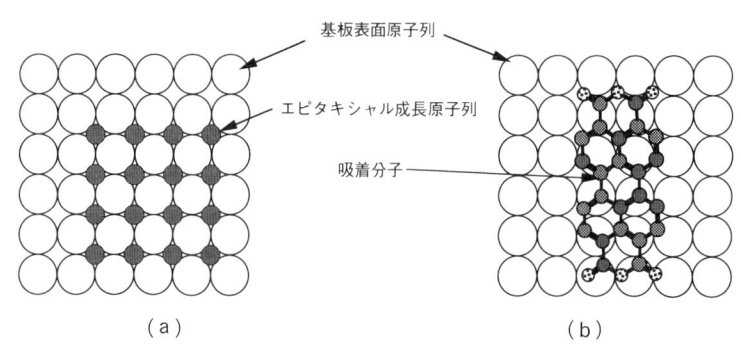

図6.1 基板上に形成された単原子層(a)と単分子層(b)

界面に垂直方向からの投影図で，分かりやすく表示するため，原子や分子（PTCDA）のサイズは任意の大きさで示してある．単原子エピタキシーでは，基板原子とサイズがそれほど異なっていなければ，基板原子配列に整合した（commensurate）格子が実現できるが，多原子からなる有機分子では，基板との整合性は一般には困難である．

6.1.2 有機エピタキシーの研究方法と考え方の発展

有機エピタキシー研究においても，他の物質のエピタキシャル成長研究と同様に，研究手段の進展と共に成長機構の理解が深まってきた．1960年代頃に有機分子のエピタキシャル成長の研究が始まり，透過型電子顕微鏡（TEM），低速電子線回折（LEED），反射高速電子線回折による研究が進められ，その後，紫外光電子分光法，エネルギー分散型低角入射X線回折法などによる二次元膜の構造解析手法の開発も進み，有機エピタキシャル成長の研究が行われている．また，最近では走査トンネル顕微鏡（STM）に代表される各種走査プローブ顕微鏡法（SPM）の開発により，エピタキシャル成長の極初期構造を比較的容易に研究できるようになってきて，これまでの研究方法と組み合わせることで，大きな成果が得られてきている．

基板結晶と成長する結晶の格子定数や対称性が類似の場合に，エピタキシーが起こることは容易に想像できるが，現実には格子定数や対称性が大きく異なる場合にも，エピタキシーが観察される．有機エピタキシー研究の初期から，界面における格子整合性がエピタキシー発現の重要な因子の1つであると考えられ，ミスフィット $f = (b - a)/a$ でエピタキシーの説明が試みられてきた．ここで，a, b はそれぞれ基板結晶のある格子定数と成長する結晶の対応する格子定数を表している（第3巻，1.3節参照）．f の絶対値が小さな場合にエピタキシーが起こりうると考えられ，有機結晶のエピタキシーでの配向性について，ミスフィットを用いた議論が行われてきた．しかし，格子定数や結晶対称性において著しい差異のある場合には，比較すべき a, b の選定は自明ではない．

これに対して，アルカリハライド単結晶基板上での多環式化合物であるフタロシアニンなどのエピタキシャル成長薄膜がTEM法により調べられ，基板上の特定位置に吸着された単一分子の吸着姿勢があたかも結晶成長核として働き，その後のエピタキシャル成長方位を決める可能性が示唆された．その後，このような考え方は必ずしも全ての場合に適用できるわけではないことが分かってきた．しかし，このような考え方を進めて，1分子ではなくある程度の個数が吸着され，基板上でドメイン状の安定構造をとることで，その後のエピタキシャルな配向性を決める可能性についての計算例などが示された．

6.1 平面多環式化合物系

また，結晶成長初期状態の研究方法として LEED は有効であり，金属単結晶表面上において多種の有機単分子層の構造が研究され，両格子の整合特性を以下のように分類された．相互の格子点が一致する格子整合性である commensurate 界面やその他のエピタキシャル成長様式の分類が提案された[2]．この研究は有機エピタキシャル成長に関する先駆的な研究の一つで，有機エピタキシャル成長様式の分類を行った初めてのものであった．しかし，例えば格子整合性がどのくらいの正確さで実現しているのかについて十分明らかにされたとは言えなかった．

また，coincide lattice による説明が有機分子のエピタキシャル成長について行われた例もある．coincide lattice では，基板表面の格子点と成長する分子結晶の界面における二次元格子点とがなるべく重なるように成長するという機構である．しかし，どのくらいの一致度があれば（格子点の何％がどのくらい一致すれば良いのか）といった点に曖昧さが残っていて，定性的な議論は可能であるが定量性に問題が残っていた．

また，有機分子の結晶成長に大きな関連のあるエピタキシャル成長機構の考え方として van der Waals エピタキシーがある[3]．化合物半導体のある積層面を基板として用いると，格子整合条件を満たさなくてもエピタキシャル成長が起こる現象である．この成長様式は，実は，van der Waals 相互作用が主要な相互作用である有機分子の成長の場合に対応していて，基板との相互作用がそれほど大きくなければ，格子の不整合が大きくてもエピタキシャル成長することが指摘された点で重要である．

以上に述べた研究で用いられた TEM 法や LEED 法などは，平均的な配向性を測定する方法であり，基板原子と成長分子の相対的な方位関係が分かる方法である．しかし，SPM 法は実空間での表面構造を局所的に可視化するもので，有機単分子層構造の研究に有効な方法である．電導性基板上の研究に限られるが，STM 法がなによりもその高い空間分解能のゆえに，広く用いられているところである．STM 像から表面での分子配列を決定する場合には，分子位置の同定は重要な問題になり，STM 像の明暗コントラストの原因を念頭に置いて解釈を進める必要がある．通常は，分子の最低非占有軌道（LUMO）や最高占有軌道（HOMO）の空間的な分布が STM では観察される．原子間

力顕微鏡（AFM）は特別な基板を用いる必要がなく，有機分子界面の有力な研究方法ではあるが，分子を解像するほどの顕微鏡法としてはまだ熟成が進んでいない。今後の進展が期待される方法である。

STMにおいては，単分子層を研究対象とすれば，試料とティップ間のバイアス電圧を変化させることで，分子像と同時に基板原子配列をも観察可能である（図6.2）。その結果，固体表面に対する分子配列が決定でき，有機エピタキシャル結晶成長などの極初期過程の観察が可能となり，さまざまな有機分子のエピタキシャル成長に関する詳細な知見が得られるようになってきた。

6.1.3 平面多環式化合物の無機基板上でのエピタキシー

平面多環式化合物のSTMによる研究も進められてきた。以下では，主にこのような大型の平面状分子についてのエピタキシャル成長様式について述べる。このような分子をエピタキシャル成長させる場合の基板として，(i)アルカリハライドやシリコン，金属単結晶などの無機基板を用いる場合（有機/無機）と，(ii)後で述べるような他種の有機結晶を用いる場合（有機/有機）がある。

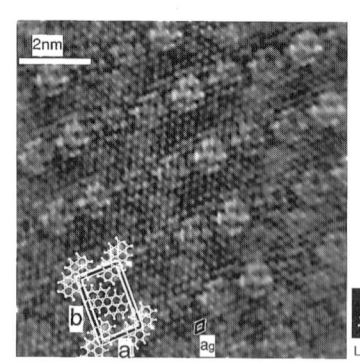

図6.2 グラファイト（0001）基板上の平面状有機単分子層のSTM像

分子像と基板原子像が同時に撮影されている。試料は後述するペリレンの誘導体であるPTCDAで，予想される分子配列状態を挿入してある。図のように分子が基板に平行に吸着していると考えると，a，b軸で描かれた二次元単位胞に分子がぴったりと充填できる。また，このSTM像は試料側が正バイアスで観察されているので，分子のLUMOが像コントラストに対応している。LUMOの分布を図右下に示してあるが，"8"の字型のコントラストがSTM像として見られている。基板表面の炭素原子像は図中の小さな菱形単位胞の配列をしている。

6.1 平面多環式化合物系

基板原子との相互作用が強く，かつ特異的な方向性があれば特定位置への分子吸着が起こり，commensurateな界面を形成することでエピタキシャル成長が進み，バルク構造とは異なった分子配列が実現される。しかし，一般の大型多環式化合物では，基板との相互作用が弱く，単純な分子吸着ではなく，基板表面格子と吸着層格子の二次元的相互作用を考えることが必要になってくる。そのような場合に起こると考えられる有機/無機エピタキシーに見られる成長として，point-on-line 整合性が報告された[4]。詳細は次節で述べるが，有機単分子膜内での分子間相互作用のために，基板と commensurate な界面を形成するよりも，基板表面と二次元単分子層のある低次の結晶学的な格子線を整合させることで，エネルギー的に安定な配向関係が現れることが示された。このpoint-on-line 整合性は有機/有機ヘテロエピタキシーにおいても重要な配向支配機構である。

1 point-on-line 整合性による有機分子のエピタキシャル成長

有機単分子膜の格子点が完全に基板格子点と一致するcommensurateな有機エピタキシーも存在するが，一般にはpoint-on-line 整合性を持った場合がエネルギー的に安定になると考えられることが，さまざまな平面多環状有機分子の成長を調べることで明らかにされた。主要な研究方法としては，グラファイト表面に形成された有機単分子層のSTM観察である。グラファイト基板が用いられた理由は，その電導性と同時に，図6.2に示したように有機分子像とともに基板炭素原子像も比較的容易に観察できることで，エピタキシャルな関係を知ることができる点にある。STMによる有機単分子膜の基板に対する配向性の決定方法には，(i)有機単分子膜のSTM像とその分子膜をはぎ取った後の基板原子像との比較，(ii)トンネルバイアス変化による有機分子像と基板像の同時観察による比較，さらに(iii)以下に述べる変調コントラスト（モアレ）による方法がある。(i)と(ii)の方法では，基板原子の配列に対する有機分子の配列状態を決めることができ，先に述べたTEMやLEED回折法と同じ程度の精度での配向性の評価が可能である。これに対して(iii)の変調コントラスト法は約1桁高い精度で配向を決めることができる。

図6.2にグラファイト（0001）劈開面上に真空蒸着法で作成したperylene-3,4,9,10-tetracarboxylic-dianhydride（PTCDA）の単分子層についての

STM像を示した。この像ではPTCDA分子像（数字の"8"の字型のコントラスト）と同時に基板グラファイトの原子像（全面に見られる小さな点状のコントラスト）も見られ，上記(ii)の方法で相互の配向関係を直接調べることができる。また，他のバイアス値でのSTM像中にはPTCDA分子像だけが見られ（図6.3），"8"の字型のコントラストがこの分子平面内の最低非占有軌道（LUMO）にほぼ対応していることから，分子は分子面を基板に平行にして基板上に配列し，その配列様式はほぼバルク結晶中の配列に対応している。図6.2と図6.3に示した有機分子の配列した二次元単位胞（a, b で示した矩形）の中央に位置する分子は，単位胞の格子点にいる分子に較べるとコントラストが弱い。これは，PTCDA分子の電子状態へのグラファイト表面の効果も含めた電子状態の計算によって確かめられるが，基板に対する分子の方位に関係している。また，PTCDAの単分子層STM像にはさらに重要な特徴がある。広領域のSTM像を図6.4に示すが，そこにはPTCDAの二次元格子のb軸方向にほぼ平行に約$3a$周期の一次元的モアレ像が観察される（図の矢印方向に分子像の強いコントラストの並びが見られる）。このような一次元かつ周期的なモアレは，グラファイト上でいくつかの有機単分子膜のSTM像に現れることが見いだされた。よく知られているように，モアレは2つの格子の違いを拡大して現れるので，わずかな格子の違いを敏感に検出することができ，配向関係を高い精度で実測できることになる。

図6.3　グラファイト上のPTCDA単分子層のSTM像
図6.2とは異なったバイアス電圧で撮影したもので，PTCDA分子のみが観察される。

6.1 平面多環式化合物系

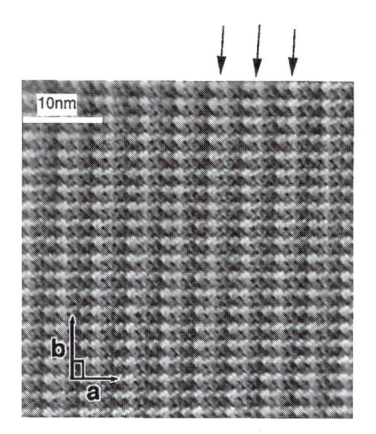

図 6.4 PTCDA 単分子層の広領域 STM 像
白い長周期変調コントラスト（モアレ）が矢印方向に見られる．その周期はほぼ a 軸長の 3 倍である．

また，他の分子についても，分子と基板の関係に固有の周期を持ったモアレが出現することは，基板と単分子膜との特定の配向関係の結果であり，特殊な格子整合性（エピタキシー）が存在することを意味している．この整合性を図 6.5 で説明する．同心円状に描かれた等高線が基板表面ポテンシャルを表し，グラファイト表面の基本的な低次の (01)，(10)，(11) 線によって作られる 3 種の周期的三角関数のポテンシャルの重ね合わせで示してある．等高線の中心にグラファイト格子の格子点を考える．このような表面に有機分子二次元格子が整合する commensurate な場合（点線で示した(A)の単位胞），有機分子格子点が表面ポテンシャルの最小値と合致するので，界面のエネルギーは最小となる．有機分子の二次元単分子層の基本格子ベクトルを a, b とし，グラファイトの (0001) 表面格子ベクトルを a_g, b_g とすると，両格子の関係は

$$a = c_1 a_g + c_2 b_g, \quad b = c_3 a_g + c_4 b_g$$

と書ける．commensurate な場合には，c_1, c_2, c_3, c_4 が全て整数値をとるエピタキシャル成長となる．一方，(B) の単位胞では，有機分子格子点は基板の低次の格子線（図ではグラファイトの (01) 線上）に合致しているのみであるが，(01) 線に垂直な方向への周期的な一次元三角関数型のポテンシャルに関しては，最小値となっている．したがって，この場合も界面のエネルギーとし

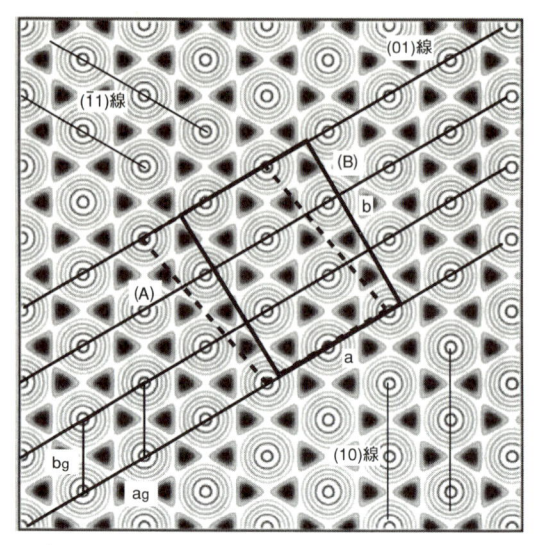

図6.5 グラファイト表面格子のつくるポテンシャル等高線の模式図

図中の同心円の中心が低いポテンシャル部分を示す。分子格子がcommensurateな場合((A)の点線で示した単位胞)では基板格子点と有機分子格子点は重なり，point-on-line整合性((B)の実線で示した単位胞)では基板の線上に並んだポテンシャルの低い線(この図では(01)線)上に有機分子格子点が整合する。この(B)の場合の方が，有機単分子層内の格子歪みが小さくエピタキシーに有利な配向，構造となる。

てはcommensurateな程ではないが，エネルギー的には優位な配向となる。この(B)の場合には，c_2, c_4 が整数値をとっている。この場合をpoint-on-line 整合性と呼ぶ[4]。この整合性をcommensurateな界面整合性と比較すると，commensurateであればPTCDA格子の格子点は基板グラファイトの格子線ではなく，格子点に一致する二次元整合性となるが，有機単分子膜に見られるpoint-on-line整合性は一次元的な整合性があるともいえる。もちろん，基板との相互作用エネルギーとしては，commensurateな場合が最も安定であるが，そのような界面を実現するためには，有機分子格子が安定な格子から大きく歪まなければならない場合が一般的である。その結果，基板上の有機単分子層の全体のエネルギーは不安定となる。一方，point-on-line整合性では，有機分子の格子点を基板の格子線に一致させるだけでよく，格子歪みが小さく界面全体のエネルギーとしてはcommensurateな場合よりも，安定になると

考えられる。このように，多原子からなる 1 つの分子と基板との相互作用は平均化され，明確なポテンシャル極小を示さない大型分子については，point-on-line 整合性は実効的な機構となるものと考えられる。基板との相互作用が相対的に強ければ commensurate になるが，有機単分子層内での分子間相互作用が（歪みエネルギー）が大きければ point-on-line となることが定性的には言える。実は，point-on-line 整合性は LEED による金属上での有機エピタキシーでも見られていた[2]。

Point-on-line 整合性を示す PTCDA の場合には有機分子格子の (55) 格子線と基板表面の (10) 格子線が整合し重なっている（カラム図 C-1 参照）。つまり，界面ではこれらの面間隔についての misfit はゼロになっている。両格子の軸長 misfit ではなく，線間隔 misfit を小さくするような界面を形成することで，つまり表面と有機層の対応する格子点間の距離が一致するのではなく，格子面間隔が一致するような整合性である。その結果，エネルギー的に安定な歪み構造を有する界面が得られエピタキシャル関係をとる場合が Point-on-line 整合性であると結論された。逆に，基板の主要な低指数の格子線に対して，安定なバルク結晶の格子面間隔との misfit 値が小さいほど，両格子線を平行にエピタキシャル成長するような配向性が実現されると予測できる。

Point-on-line 成長した場合は，その後，いわゆる Stranski-Krastanov 型の成長をし，ほぼ単分子層での配向性を保ったまま歪みを解消して島状の安定構造へと移行するものが多い。また，グラファイト以外の基板上でも point-on-line 整合している場合があることが示唆されている。

2 **commensurate なエピタキシャル成長**

グラファイト基板上では，上記の point-on-line 整合性を示す大型平面分子が多く見られるが，commensurate な整合性を示すものも見い出されている。例えば，2,4,6-tris (1,3-dithiol-2-ylidene)-1,3,5-cyclohexanetrione (TDTCHTO) がそのような例である。この分子形態が三角形であることから，6 回対称性を有するグラファイト (0001) 基板との相互作用が大きく，commensurate な整合性を示すものと考えられる。STM 像には先の point-on-line 整合性のようなモアレ縞は見られなかった。つまり，分子は基板上の等価な位置を占めていて，commensurate な整合性があることを示している。実

COLUMN　　　　　　　　　　　　　　　　　　　　変調コントラスト（モアレ）

　STM像のコントラストが，分子自身の電子状態分布と同時に，基板の炭素原子位置と有機分子の位置との距離に比例するとして，つまり有機分子の電子状態が下層基板原子に影響されてコントラストに変調を受けると考えられ，実測のコントラスト変調を再現できるための最適な分子二次元格子と基板表面格子の関係を精密に導き出すことができる．以下の議論の数学的な解説は参考文献[4]を参照してもらうこととし，ここでは模式的な説明を行う．有機分子の二次元単分子層の基本格子ベクトル a，b と，グラファイトの（0001）表面格子ベクトル a_g，b_g との間の関係式における係数 c_1，c_2，c_3，c_4 が配向関係と a，b の大きさを決め，例えばPTCDAの場合には

$$a = 5.00a_g - 5.32b_g, \quad b = 5.00a_g - 4.02b_g$$

のように表すことができる．ここで，c_1 と c_3 は整数となった．このことから，

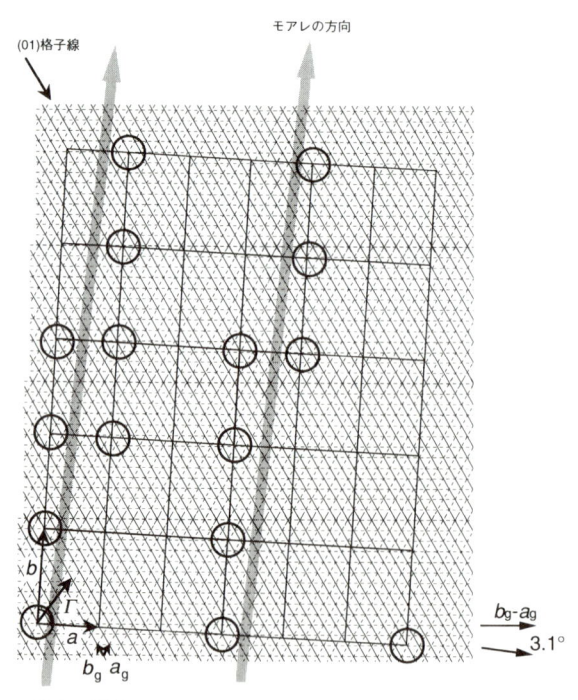

図 C-1　PTCDA 単分子層格子（a，b で示された長方形の格子）とグラファイト表面格子（a_g，b_g でつくる三角形の格子）の関係．PTCDA 格子点上に示された○印は，グラファイトの格子点の近くにある場合を意味し，STM で強いモアレコントラストを示すと予想されるものである．○印の連なる方向にモアレができる．

PTCDA の場合には，基板グラファイトの格子とは図 C-1 に示したような格子整合性を実現していると結論される。図中の○印は基板グラファイト格子点と PTCDA 格子点がほぼ一致しているところで，PTCDA 分子像コントラストがグラファイト表面の炭素原子により変調を強く受けることが期待される位置である。このようなコントラストの変調をモアレと呼ぶ。図中の○印の並びが規則的な周期を持った一次元モアレを形成することを模式的に示している。先に述べたように，PTCDA のバルク構造中の分子配列と類似の構造が STM 像に見られるが，図 C-1 に示すような整合性を持つために，バルク結晶での長方形配列をわずかに歪ませた構造となり一種の歪み構造をとっている。その二次元格子は $a = 1.269$ nm, $b = 1.922$ nm, ab 軸間の角度 $\Gamma = 89.5°$ の平行四辺形である。上式で，c_1 と c_3 が整数であることは，PTCDA の歪んだ格子の格子点が，基板グラファイトの (h, k) 格子線 (h, k は整数で，図 C-1 では (10) 格子線) の上に必ず位置していることを意味している。このように，分子二次元格子点が基板表面の低次の格子線上に整合することから，この整合様式を point-on-line 整合性と呼んでいるが，「c_1 と c_3 が共に整数または c_2 と c_4 が共に整数」の条件がこの整合性の数学的表現である。このような point-on-line 整合性があれば，周期的な表面ポテンシャル（任意の相互作用を考えているが，その周期性は基板格子の周期による）の低次のフーリエ成分との相互作用により，界面エネルギーは安定化される[4]。

際，バイアスを変化させ，基板グラファイトの原子像を撮影し，分子膜とグラファイトの関係を調べると，

$$a = 6.0a_g - 2.0b_g, \quad b = 2.0a_g + 8.0b_g$$

と表すことができ，全係数が整数である commensurate な系である。3 回対称性をもって吸着した分子の模式図を図 6.6 に示すが，TDTCHTO 分子は分子面を基板に平行にし，基板に対して等価な位置を占めている[5]。この二次元構造はバルク結晶とは全く異なる多形構造である。

　分子の形態と基板の対称性が一致することで，基板との相互作用が分子層内の相互作用より相対的に大きいことが予想される。このような場合には，基板上の分子被覆率が低い状態で，基板上に単分子厚さの小さな二次元クラスター

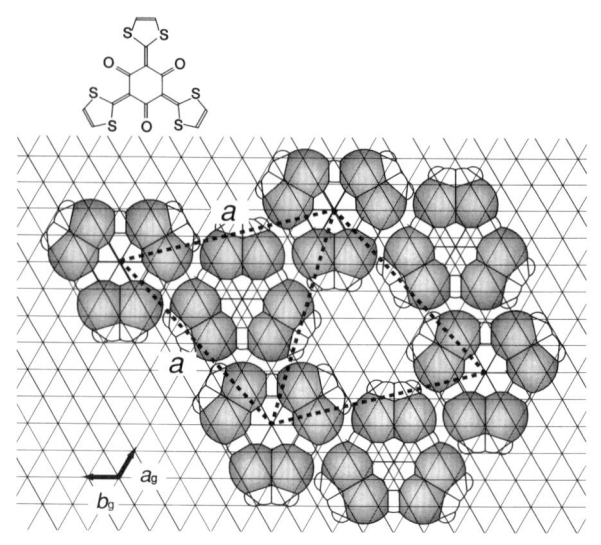

図 6.6 TDTCHTO 分子のつくる単分子層格子と基板グラファイト表面との commensurate な整合関係．バルク結晶内での分子充填とは全く異なった多形構造をとっている．

ができているのが STM で観察される．蒸着量が増加するに従い，二次元層は広がり単分子層が基板を覆うようになる．逆に，PTCDA などでは，このような二次元クラスター構造は安定ではない．つまり，point-on-line 整合性を示すには，十分な大きさの二次元格子整合性が完成しなければならないと想像できる．TDTCHTO の commensurate な整合性のある単分子膜でも，成長に伴い膜厚が 2～3 層を越えると島状結晶の成長が起こり，Stranski-Krastanov 型の成長をする．そこでは，安定構造である斜方晶へと移行し，構造や配向性に大きな変化が起こる．

6.1.4 大型有機分子の有機/有機エピタキシー
1 有機/有機界面の電顕観察

これまでは，グラファイト基板結晶上の大型有機分子のエピタキシャル成長を STM で観察した例を示した．しかし，ある有機分子を他種の有機分子結晶上にエピタキシャル成長させた場合は，一般には電導性の問題から STM 法の適用が難しい．そのような場合には，電子顕微鏡が有効な方法となる．以下で

6.1 平面多環式化合物系

は，電子顕微法による大型有機分子の有機/有機エピタキシーの成長様式についての研究例を述べる。

有機エピタキシーでの相互の結晶学的な関係を明らかにする場合に，電子線回折法がエピタキシーの配向関係を決定する便利な方法である。しかし，界面での空間的な関係（つまり第2層分子が，第1層分子と空間的にはどのような位置関係にあるか）は，界面を高分解能顕微鏡法などで解像する方法が直接的である。これらの電子顕微鏡的な観察方法としては，2つの方法があり，一つは半導体の界面などの研究によく用いられる edge-view 法で，界面に平行に電子線を入射して界面を観察する方法である。他の一つは，界面に垂直に電子線を入射する plan-view 法である。有機物では，電子線損傷の問題と試料作成法の点から，plan-view 法を用いるのが便利である。

以上のような研究例は少ないが，良好なエピタキシーが予測される図6.7に示したような分子間でのヘテロエピタキシー界面を高分解能電顕法で調べた結果が報告されている[6]。これらの分子は，正方晶または立方晶構造をとり，結晶の a 軸長がほぼ同じものである。したがって，多くのヘテロエピタキシーでは，予想通りに a 軸を互いに平行にした（分子面を平行にした）良好なエ

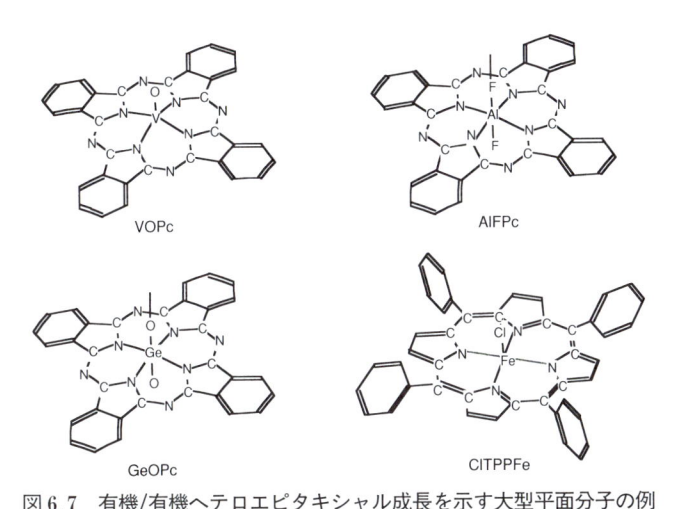

図6.7 有機/有機ヘテロエピタキシャル成長を示す大型平面分子の例
これらはバルク結晶の格子サイズが似ていて，お互いの分子面を平行に成長し，良好なエピタキシーを示す。

ピタキシャル成長がみられたが，電顕の高分解能像の解析からは，図6.8に模式的に示したようないくつかの界面構造がみられた。(i)1層目の分子の直上に2層目の分子が成長する場合（直上型），(ii)第1層表面分子間の2回軸の位置や4回軸の位置に第2層分子が積層するもの（架橋型），(iii)第2層分子が第1層分子列に対して対称性の悪い位置に積層していくもの（シフト型）がみられた。これらいずれも，第1層と2層のa軸の相対的な配向関係は平行である。また，これらのエピタキシャル配向性は，ほぼpoint-on-line整合性もしくはcommensurateな整合性から説明が可能である。しかし，実際の界面は分子間力の異方性・強弱によって多様な接合位置関係を持っている。(i)や(ii)の場合には，比較的単純な相互作用により，対称性の高い位置に積層をしているものと考えられるが，(iii)の場合には界面での特別な方向性のある相互作用が想像される。例えば，ClTPPFeの塩素とGeOPc分子端末の水酸基との間に水素結合様の特異な分子間力があるためではないかと想像される。これらから得られる一つの結論としては，回折法から導かれる相対的な方位関係は単純であっても，成長層内の分子と基板分子との位置関係はさまざまであることである。

2 分子充填様式による有機/有機界面構造の変化

以上のように，有機/有機エピタキシーでも格子整合性が重要であることは

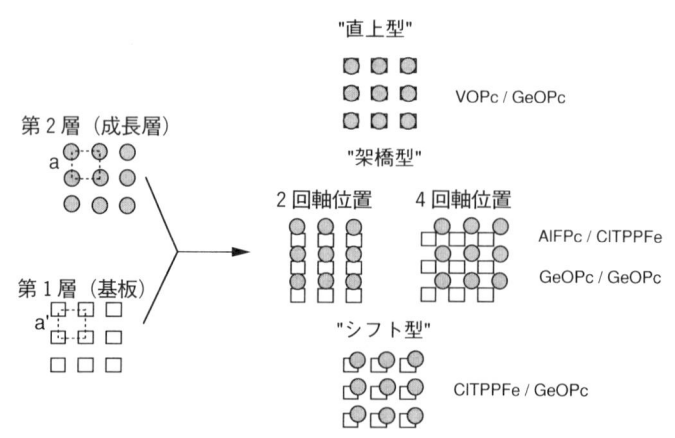

図6.8 基板層（第1層）と成長層（第2層）の組み合わせで形成される界面を模式的に示す。これらの相互関係は右側に示したように，分子の組み合わせによりいろいろな界面を構成する。

もちろんであるが，ある配向性・界面構造が発現する界面において有機分子の分子充填様式も重要である．基板が単純な構造を持つ無機基板であれば，その表面ポテンシャルは前に述べたように，近似的には格子点に最小値を持つものとなる（図6.5）．しかし，有機基板の場合には，単位胞内の分子の充填様式が表面ポテンシャルを変調していることがあり，エピタキシャル成長を複雑にしている．さらに，有機基板上に成長する異種有機層構造がバルクでの重点様式とは異なって，基板表面の充填様式に一致した構造多形が発現することもあり，問題はより複雑になる．例えば，平面縮合多環芳香族炭化水素の充填様式は図6.9に示したような4種類に分類できる．バルク結晶ではこれらの充填型のいずれかに属する有機分子を用いて，真空蒸着法などでヘテロ2層膜を作成し，その界面構造が電子顕微鏡法により調べられた[7]．ヘテロ2層膜の作成に当たっては，まず第1層となる分子をアルカリハライド基板上などにエピタキシャル成長させ有機基板（第1層）とし，第2層となる分子が蒸着された．さまざまな分子の組み合わせについて調べたところ，以下のような結果が得られている．

A．バルクにおいて同種の充填様式を持つ場合：

第1層基板と第2層が，もともと同じ充填様式をとる場合で，格子不整合はあるものの良好なエピタキシーがみられた．充填様式の一致がエピタキシャル成長の一つの因子であることを意味している．また，アルカリハライド単結晶上に直接蒸着したものは針状結晶になるもの（ジベンズアントラセン）であっても，第1層が同じ充填様式を持つ膜状薄膜（ジインデノペリレン）であれば，その上に一様な膜になるものも見いだされた．このことは充填様式の一致がエピタキシーだけでなく，膜形態に関しても重要な要因であることを示している．

B．バルクにおいて充填様式が異なる分子間の場合：

もともとの充填タイプが異なる場合には，第2層目がバルク構造と同じ構造をもってエピタキシャル成長する場合(a)と，同じではない多形を生じてエピタキシャル成長する場合(b)がある．(a)では，第1層と第2層の充填タイプは異なるが，格子整合性によりエピタキシャル成長が起こる場合である．しかし，(b)の場合には，基板有機分子結晶の充填様式によって多形が発現する場

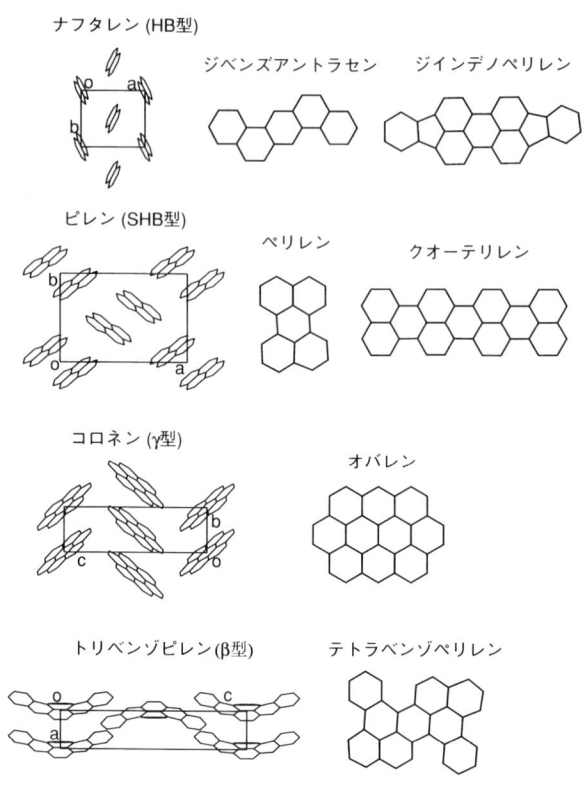

図 6.9 大型縮合系多環炭化水素系分子の結晶中での充塡様式の分類；ヘリングボーン型 (HB 型)，サンドウィッチヘリングボーン型 (SHB 型)，ガンマ型 (γ 型)，ベータ型 (β 型) の 4 つの型がある。

合で，例えば，SHB 充塡のペリレン上では，第 2 層としてのジインデノペリレンは本来の HB 充塡ではなく SHB 充塡の多形を生じる。しかも，その格子定数は第 1 層ペリレンの格子定数と非常に近い値をとっている。また，その他にも，第 1 層の充塡様式に依存してオバレンやコロネンの多形が生成する。

以上のことから，良好なエピタキシーを実現するためには，その格子整合性 (point-on-line の考え方からは，格子線の整合性) が必要であると同時に，基板表面の相互作用ポテンシャルは充塡様式にも依存しているので，充塡様式の類似性も重要な因子であると結論できる。同時に，有機エピタキシーにおいて

現れる多形の出現に対して，単位格子内の分子配列が重要であることがわかる。

6.1.5 まとめ

以上述べてきたように，有機エピタキシーの様相はさまざまであり，総合的な理解にはまだ至っていない。有機分子のエピタキシャル成長では，界面での相互作用の大部分は van der Waals 相互作用による周期的相互作用であり，分子層内の分子間相互作用も同じ van der Waals 相互作用によっている。そのため，両者のバランスに基づいて commensurate または point-on-line エピタキシャル成長が起こると考えられる。成長第1単分子層や第2層は層状成長し，基板に依存した構造（バルクと類似構造または異なった多形構造）を形成する。その後の成長に伴い島状の安定構造へと変化する Stranski-Krastanov 型の成長をするものが多い。

以上のようなエネルギー論的方法で成長を個別的に理解することと同時に，有機エピタキシー全体を見渡せる組織的な研究が今後期待される。また，分子間相互作用と分子基板間相互作用の定量的な研究も必要であるし，さらに吸着結晶化の動的な研究も今後は必要である。

文　献

1) S. R. Forrest: *Chem. Rev.*, 97, 1793 (1997).
2) L. E. Firment and G. A. Somorjai: *Israel J. Chem.*, 18, 285 (1979).
3) 小間篤：応用物理, **62**, 758 (1993).
4) 星野聡孝，磯田正二，小林隆史：表面科学, **16**, 26 (1995)；電子顕微鏡, **31**, 10 (1996).
5) S. Irie, S. Isoda, K. Kuwamoto, M. J. Miles, T. Kobayashi and Y. Yamashita: *J. Cryst. Growth*, 198/199, 161 (1999).
6) S. Isoda, I. Kubo, A. Hoshino, N. Asaka, H. Kurata and T. Kobayashi: *J. Cryst. Growth*, **115**, 388 (1991): *Mol. Cryst. Liq. Crsyt.*, **218**, 195 (1992): *Chem. Func. Dyes*, **2**, 252 (1993): *Macromol. Sympo.*, **87**, 45 (1994).
7) A. Hoshino, S. Isoda and T. Kobayashi: *J. Cryst. Growth*, **115**, 826 (1991).

6.2 フラーレン系

6.2.1 カゴ型 π 共役分子の特長—超伝導から発光特性まで—

1985 年に H. W. Kroto（サセックス大学）と R. E. Smalley（ライス大学）によりグラファイトにレーザ光を照射し，蒸発したものの質量分析（Laser-Vaporization Cluster Beam Time-Of-Flight Mass Spectrometry）により炭素原子が 60 個からなる化合物を発見した[1]。炭素の一重結合，二重結合，および三重結合の組み合わせで閉じた構造を検討した結果，建築家のバックミンスター・フラー（R. Buckminster Fuller）が設計した球状ドームの構造と同じであると結論した。この構造（図6.10(a)）は，初頭二十面体（truncated eicosahedron）で，我々が日頃目にしているサッカー・ボールと同じである。20 個の 6 員環と 12 個の 5 員環で構成されている。

その構造は，1970 年に日本人の大澤が理論的に予測していたものであり[2]，かつ飯島が炭素の蒸着膜の高分解能電子顕微鏡観察において炭素の凝集形態の一つとして発見していたものである[3]。これらの日本人の先駆的な研究があったということが，フラーレン研究の歴史である。一方，欧米では上述の星間物質の分光学者とクラスターの分光学者の発見に続く，1990 年の W. Krätschmer（マックスプランク研究所ハイデルベルグ）とホフマン D. R. Hoffman（アリゾナ大学）の不活性ガス雰囲気での炭素棒の抵抗加熱（アーク放電）から得られるススの高速液体クロマトグラフィー（HPLC）を用いたベンゼン抽出による大量生成の成功により[4]，高性能の質量分析計による極微量物質の分

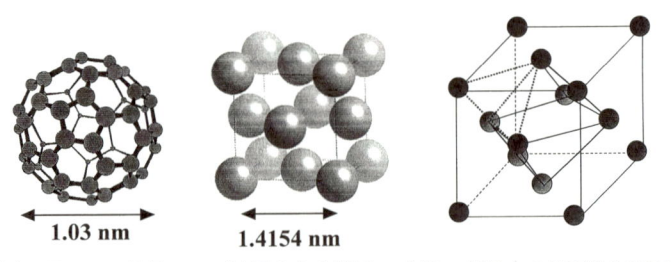

      (a) フラーレン分子   (b) 面心立方格子   (c) fcc 格子中の八面体と四面体

図 6.10 （a）フラーレン（C 60）の分子構造，（b）面心立方格子（fcc），および（c）fcc 格子中に存在する八面体と四面体の模式図。

析化学から，化学構造が特定された新規材料としての研究および応用を始めて可能とした。この結果，1996年のノーベル化学賞は，新規炭素クラスターの発見者として，Smalley, Kroto および R. F. Curl 氏らに贈られることとなった。

昇華精製により得られた単結晶の X 線構造解析の結果，結晶構造は面心立方（face-centered cubic：fcc）格子（空間群：Fm 3 m）（図6.10(b)）に属し，格子定数は 1.4154 nm である。直径が 0.71 nm，外形が 1.03 nm の球状であるフラーレン分子は，室温においては面心立方格子の格子点に存在し，そこで自由回転している。260 K 以下では，その回転に異方性を生じ，低温相と呼ばれる単純立方（sc）格子（空間群：Pa 3）をとり，格子定数は 1.40708 nm である。一方，炭素数が 70 のフラーレン（C 70）は，長軸径が 0.796 nm，短軸径が 0.712 nm のラグビーボールの形をしており，分子回転の自由度が C 60 に比べて低いために，各温度範囲で面心立方格子，稜面体，六方最密充塡などの構造をとる。フラーレン自体は絶縁物（導電率：$10^{-8} \sim 10^{-14}$ S/cm）であり，電子および正孔の移動度は，それぞれ 0.5 および 1.7 cm^2/Vs である。

fcc 格子をとるフラーレンの最密充塡構造には，八面体と四面体からなるすき間が存在する（図6.10(c)）。このすき間にアルカリ金属を挿入することで 20～30 K で超伝導を示すことが明らかとなった[5,6]。グラファイト層間にアルカリ金属を挿入する（intercalation）することで超伝導が確認されているが，その相転移温度が 10 K に満たないことを考えると，グラファイトにおける二次元構造とフラーレンの三次元構造にその違いがあることが推測される。さらに，分子間に金属を挿入するのではなく，直接そのカゴ型構造の中に原子を挿入する試みもフラーレンの発見直後から行われている[7]。炭素棒にランタン（La）やセシウム（Ce）などのランタノイド系，アクチノイド系の金属を混合しておくことで，C 82，C 84 において，これらの金属が内包されたものも得られている。質量分析や ESR による間接的構造評価ではなく，X 線回折によっても金属を内包していることが，確認されている。最近，フラーレンの真空蒸着膜とケイ素のスパッタ膜の積層構造において，緑色レーザ照射により白色発光が確認された[8]。これは，積層薄膜中に存在する数百 μm の島状領域から

観測され，フラーレン薄膜への不均一構造の導入によるものと考えられている．

一方，フラーレンの発見に相前後して，炭素棒のアーク放電の際の陽極側に，グラファイトが筒状になった「ナノチューブ」が生成していることが飯島によって発見された[9]．アーク放電および雰囲気ガスの条件を制御する，あるいは，炭素棒へのニッケルや鉄の混合により単層のナノチューブが比較的高効率で得られている[10]．

6.2.2　ファン・デァ・ワールス　エピタキシー―各種無機結晶基板上での成長―

フラーレンは，トルエン，ベンゼン，二硫化炭素（CS_2）などの有機溶媒に溶けるために，HPLC による精製が可能となり，99.9％のものも入手可能である．この点で，有機化合物の中でも，高純度のものであるといっても良い．ただし，スリーナインといっても，千個に1個は不純物を含んでいるということで，三次元的に考えると特定の分子の周りの4〜5個向こうには不純物，すなわち欠陥を含むと言うことである．しかし，経験的には，有機化合物がファン・デァ・ワールス（van der Waals）力によって凝集しているために，これらの不純物または欠陥の影響が，結晶あるいは薄膜全体に及ぶことは少なく，分子2〜3個の層を経ると緩和している．これが，有機化合物の特徴の一つかもしれない．しかし，光電子特性を考えると，それらの不純物または欠陥はトラップになる訳で，極力純度を上げる工夫が必要であることは言うまでもない．

HPLC により 99.98％に精製されたフラーレンを真空中でアルカリハライド，雲母および配向成長した金属の結晶表面に蒸着するとエピタキシャル成長する（図6.11）[11]．

これは，雲母のへき界面（(001)面）に銀を真空蒸着することで得られた銀のエピタキシャル薄膜を基板として，フラーレンを真空蒸着した場合の分子配列を示したものである．斜入射 X 線回折を用いたその場計測により，銀は雲母の (001) 面上で，(111) 面を平行にして成長しており，雲母の 〈100〉 軸に平行に 〈220〉 軸を配向させていることがわかった．さらに，銀の (111) 面上で，フラーレンも銀の 〈110〉 軸方向に平行な六方最密充塡格子 (hexagonal

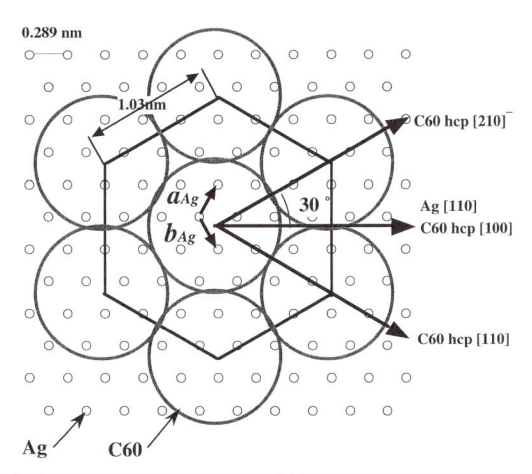

図6.11 銀の(111)面においてエピタキシャル成長したフラーレンは，その⟨100⟩方向を銀の[220]軸と一致させて吸着，成長している。フラーレンの格子は銀の a 軸および b 軸の $2\sqrt{3}$ 倍で，30°回転した方向を向いているため，銀の格子との関係は $(2\sqrt{3} \times 2\sqrt{3})R30°$ で示される。

closed packing：hcp）の⟨100⟩軸を有している。これは，銀の格子に対して $(2\sqrt{3} \times 2\sqrt{3})R30°$（フラーレンの格子軸は，銀の a 軸および b 軸の $2\sqrt{3}$ 倍で，30°回転した方向を向いている）の間隔が，ちょうどフラーレンの格子間隔（ファン・デァ・ワールス直径）に等しい関係にあるためである。本来，フラーレンの結晶構造は fcc であるが，超高真空中における成長では，膜厚が非常に薄い（1層～数層）場合には hcp 格子をとることが知られている。少なくとも，成長第1層としての六角格子は，hcp でも fcc でも同じ六角格子である。

一方，アルカリハライドを基板とした場合には，劈開面である (001) 面の ⟨310⟩ 軸の方向に球状分子が配列し，その薄膜表面は(111)面である。これらのアルカリハライドの格子定数(KBr：0.659 nm, KCl：0.629 nm, NaCl：0.563 nm）から求めた (310) 面の間隔は，それぞれ 1.043, 0.995 および 0.892 nm になる。これは，フラーレン分子の間隔（1.0 nm）に対して，ミスフィットとして，4.0, 0.7 および 12 % ということになり，KCl 上が最もミスフィットが小さいことを示している。実際，実験においても，KCl 上での成長

が最も平板性が高い。一方，二硫化モリブデン，シリコンなどの表面においても，フラーレンはエピタキシャル成長する[12]。特に，超高真空装置に走査トンネル顕微鏡（STM）を組み合わせた Si(111)(7×7) 表面におけるフラーレンの吸着に関する詳細な観察および電子軌道の理論計算から，3つの5員環で囲まれた6員環を基板表面に向けて吸着していることが報告されている[13]。

6.2.3 薄膜成長のダイナミックス―吸着・核発生・表面拡散―

真空中を飛来してきたフラーレン分子は，平滑表面において互いに寄り集まって島状成長（Volmer-Weber 型）を行う。その島状成長の核となるのは，理想的には基板表面における1個の分子の吸着，およびその吸着分子の次に飛来した分子が順次付着した数十〜百個の結晶核の生成による。分子は基板表面を自由に動き回れるわけではなく，基板の種類と表面温度で定義される滞在時間の間，表面拡散距離に対応する距離だけ移動できる。その結果，基板表面が十分に広ければ，二次元的に点在した核発生を示し，その核の間隔は，分子の表面拡散距離に対応しているはずである。かつ，個々の結晶核は，前節で述べたように，結晶基板と一定の軸方位関係を有することになっているため，エピタキシャル成長する。

平滑表面では球状分子が二次元的に移動（拡散）でき，かつ物理吸着のための相互作用は「点」でしかないが，基板表面にステップまたはキンクが存在すれば，吸着サイトはそれぞれ2点および3点となり，安定化しやすいと考えられる。逆に，基板表面にこれらのステップやキンクを積極的に導入しておけば，そこからの核形成が優先されるはずである。

図 6.12 にステップ面の断面を模式的に示す。ステップ面の間隔，すなわちテラスの幅が分子の表面拡散距離よりも十分に広い場合には，分子は二次元的に分散した核発生を示す（同図(a)）。少なくとも，ステップのエッジ（綾）から分子の拡散距離だけ離れたところに，結晶核の列が出現するはずである（同図(b)）。また，ステップ間隔が分子の表面拡散距離の2倍以上，3倍以下の場合には，理想的にはちょうど1列だけ結晶核の列が現れ，3倍から4倍の間であれば，結晶核の列が2つ現れると考えられる（同図(c)）。

このように，ステップ面の間隔を制御することによって，分子の表面拡散距

6.2 フラーレン系

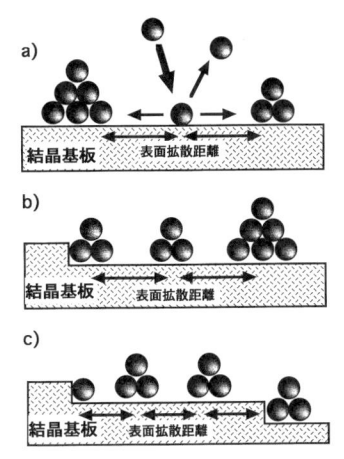

図 6.12 ステップ面での粒子成長の模式図

平滑表面では，分子と基板との吸着係数，表面拡散の程度，などの基板の種類，温度に関係した固有の核発生を生じ，分子の表面拡散距離に対応した間隔で結晶成長を行う（a）。しかし，ステップが存在すると，その表面拡散が阻害され，結晶核はまずステップの端に現れ，そのステップから表面拡散距離に対応するところに次の結晶核が形成される（b）。さらに，ステップが連続して存在する場合は，そのステップ上（テラス）において，表面拡散距離に対応した間隔で，結晶核の列が現れる（c）。

離を実測できることになる。また，ステップのエッジでの結晶核の分布は，エッジに沿った方向（一次元）での分子の表面拡散距離に対応しており，上述の仮定を応用すると，一方向に制限された分子の拡散距離を見積もることができる。

フラーレンの結晶基板表面における表面拡散距離を定量化するために，ステップ面を含む KCl 劈開面での真空蒸着膜の評価を原子間力顕微鏡（AFM）により行った結果を図 6.13 に示す[14]。

図 6.13（c）の広いテラス上では，1.5 μm 間隔で結晶核が二次元的に分布している。しかし，同図（b）の 2 μm および 3 μm の間隔のテラス上では，それぞれ 1 本および 3 本の列上に結晶核が並んでいる。それよりも短いテラス上（同図（a））では核が存在せず，ステップ端にのみ結晶核が見られている。いくつかの基板表面でのこのテラス間隔と，そこに存在する結晶核の列の数をはかることにより，基板表面における分子の拡散距離を 0.5〜16 μm と見積もることができた。この距離は，基板温度に依存しており，ミスフィット（m）のも

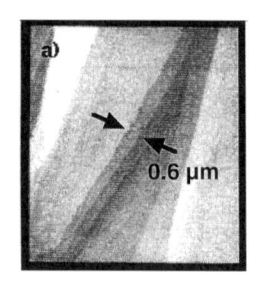

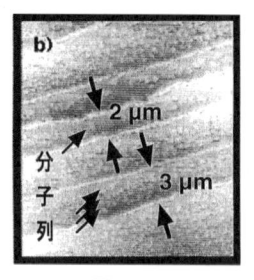

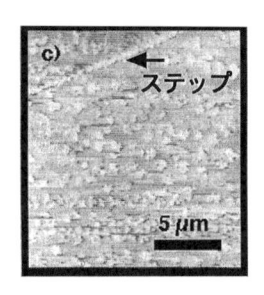

図 6.13

ステップを含む KCl 表面でのフラーレンの核形成は，ステップの間隔が狭い場合（0.6 μm）は，ステップの端に結晶核が現れる（a）。しかし，ステップ間隔が 2〜3 μm の場合は，結晶核の列が 1 列または 3 列現れる（b）。さらに，ステップ間隔が広がり，大きなテラスとなっていると，分子の表面拡散距離に対応した間隔で，二次元的に結晶核が発生している（c）。

っとも小さかった KCl(m=0.7%) 上で，0.6 μm(100°C)，4 μm(200°C)，>13 μm(300°C) であった。一方，NaCl(m=12%) 上では，それぞれ 0.3 μm，3 μm および >13 μm であり，ミスフィットに依存していることが分かった。一方，ステップ端ではいずれの基板でもステップ面での値よりも 1/10〜1/2 になっていた。

6.2.4 高品質薄膜結晶創製にむけて

6.2.2 項で述べたようにフラーレン分子は，結晶表面でエピタキシャル成長する。これは，基板表面で形成された個々の核が，基板結晶の軸と一定の関係を示していることに他ならない。また，核形成直後の微小結晶（数十 nm）においては，経験的に欠陥などの存在が見受けられない。これは，微結晶においては，格子乱れなどの欠陥は容易に表面または核外に放出されるためと考えられる。一方，蒸着速度（主には，蒸着時のルツボ温度），基板温度などの蒸着条件を制御することで，平滑基板表面における核発生の間隔を制御することができる。一般的に，低い基板温度においては，より小さな結晶核が（すなわち，結晶性に優れた核）が密に分布する。逆に，高い基板温度では，より大きな結晶が粗（まばら）に分布した成長を行う。

著者らが行ったアルカリハライド上でのフラーレンの薄膜成長（図 6.14）では，基板温度を 100°C に保って，蒸着速度 0.05 nm/min，平均膜厚で 1 nm

6.2 フラーレン系

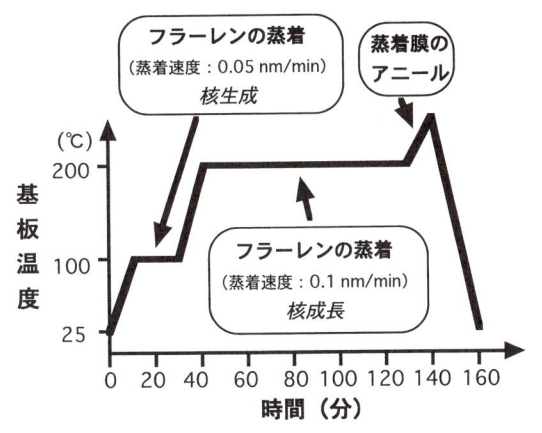

図6.14 フラーレンの2段階蒸着スキーム

高結晶性のフラーレンの薄膜を作製するために，核発生，核成長および結晶化（結晶核の融合）を促進するために，2段階で蒸着条件を制御するためのスキーム。

の蒸着を行なった場合，0.5 μm 間隔で結晶核が形成される。その後，基板温度を200℃に10℃/min の上昇させた後，0.1 nm/min で蒸着を行うと，分子は数 μm の表面拡散が可能となり，すでに存在している結晶核に分子は集まり，より大きな結晶として成長する。平均膜厚で10 nm になった時点で蒸着を終了し，熱処理（アニール）を行なった。ただし，基板温度の上昇と同時に，すでに存在していた微結晶の融解，融合も起こるために，装置に依存した実験条件の最適化が必要である。この2段階蒸着（核発生モードと結晶成長モード）の結果，次頁の図6.15に示す数十 μm の領域にわたって格子不整などの欠陥のない単結晶薄膜を得ることができた。

このように，薄膜成長の素過程を評価・解析し，基板表面での分子の挙動（ダイナミックス）を明らかにする試みが始まっている。本節では詳しくは述べなかったが，清浄固体表面での孤立したフラーレン分子の挙動および個々の分子レベルでの電子状態の解析が走査トンネル顕微鏡などを用いて行われている。また，π共役高分子に分散させたフラーレンを用いた電界発光などの応用についても，日々刻々新しい報告が現れている。

図6.15 単結晶フラーレン薄膜の高分解能電子顕微鏡像
2段階蒸着法で達成された数 μm にわたる完全単結晶フラーレン薄膜の高分解能電子顕微鏡像。

参考文献（フラーレン関係の書籍）

1) 谷垣勝巳，菊池耕一，阿地波洋次，入山啓治：フラーレン，産業図書 (1992)．
2) 「化学」編集部編：C 60・フラーレンの化学（サッカーボール分子のすべてがわかる本）（別冊化学），化学同人 (1993)．
3) 篠原久典，齋藤弥八：フラーレンの化学と物理，名古屋大学出版会 (1997)．

引用文献

1) H. W. Kroto, J. R. Heath, S. C. O'Brien, R. F. Curl and R. E. Smalley：*Nature*, **318**, 162 (1985).
2) 大津映二：化学，**25**，850 (1970) および芳香族性（化学モノグラフ），171-

文　献

178，化学同人 (1971).

3) S. Iijima：*J. Cryst, Growth,* **50**, 657 (1980) and *J. Phys. Chem.,* **91**, 3466 (1987).

4) W. Kratschmer, L. D. Lamb, K. Fostiropoulos and D. R. Huffman：*Nature,* **347**, 354 (1990).

5) R. C. Haddon, A. F. Hebard, M. J. Rosseinsky, D. W. Murphy, S. J. Duclos, K. B. Lyons, B. Miller, J. M. Rosamilia, R. M. Fleming, A. R. Kortan, S. H. Glarunm, A. V. Makhija, A. J. Muller, R. H. Eick, S. M. Zahurak, R. Tycko, G. Dabbagh and F. A. Thiel：*Nature,* **350** (6316), 320 (1991)およびA. F. Hebard, M. J. Rosseinsky, R. C. Haddon, D. W. Murphy, S. H. Glarum, T. T. M. Palstra, A. P. Ramirez and A. R. Kortan：*Nature,* **350** (6319), 600 (1991).

6) K. Tanigaki, T. W. Ebbesen, S. Saito, J. Mizuki, J. S. Tsai, Y. Kubo, S. Kuroshima：*Nature,* **352** (6232), 222 (1991)およびK. Tanigaki, I. Hirosawa, T. W. Ebbesen, J. Mizuki, Y. Shimakawa, Y. Kubo, J. S. Tsai and S. Kuroshima：*Nature,* **356** (6368), 419 (1992).

7) J. R. Heath, S. C. O'Brien, Q. Zhang, Y. Liu, R. F. Curl, H. W. Kroto, F. K. Tittel and R. E. Smalley：*J. Am. Chem. Soc.,* **107**, 7779 (1985).

14) M. Takata, B. Umeda, E. Nishibori, M. Sakata, Y. Saito, M. Ohno and H. Shinohara：*Nature,* **377**, 46 (1995).

8) C. Wen and N. Minami：*Synth. Met.,* **86**, 2301 (1998).

9) S. Iijima：*Nature,* **354**, 56 (1991).

10) K. Tanaka, T. Yamabe and K. Fukui, Eds.：The Science and Technology of Carbon Nanotubes, Elsevier (Oxford) (1999).

11) 吉田郵司，谷垣宣孝，八瀬清志：表面科学，**18**(3), 178 (1997).

12) 小間　篤：応用物理，**62**(8), 758 (1993).

13) T. Hashizume, X. D. Wang, Y. Nishina, H. Shinohara, Y. Saito, Y. Kuk and T. Sakurai：*Jpn. J. Appl. Phys.,* **31**, **L**880 (1992).

14) K. Yase, N. Ara-Kato, T. Hanada, H. Takiguchi, Y. Yoshida, G. Back, K. Abe and N. Tanigaki：*Thin Solid Films,* **33**, 131 (1998).

6.3 有機高分子系

6.3.1 はじめに

高分子のエピタキシャル成長は，1957年に Willems と Fischer により希薄溶液からのポリエチレン（$-(CH_2-CH_2)_n-$：以下 PE と略記する）の析出結晶で初めて見い出された[1]。NaCl の (001) へき開面上に析出した PE の棒状結晶は下地結晶の [110] 方向に沿って成長し，PE の c 軸（分子軸）が下地結晶の [110] 方向に沿ってエピタキシャル成長することが電子回折により明らかにされた。その成長機構として，PE の単位格子が下地結晶の格子間隔に一致してエピタキシャル成長する格子整合機構が提案された。一方，Koutsky らは，PE やその他の高分子化合物を種々のアルカリハライド結晶上に希薄溶液から沈着させると，棒状や網目状の結晶が下地面上の [110] 方向にエピタキシャル成長することを観察した。下地面上の [110] 方向に沿った同符号の電荷の分布が分子配向に影響をおよぼすとしたが，陽イオンあるいは陰イオンのいずれの列が核形成に影響するかは不明であった。

6.3.2 エネルギー論的取り扱い

1973年，Mauritz ら[2]は PE とアルカリハライドへき開面との相互作用を計算し，PE のエピタキシャル成長をエネルギー論的見地から説明した。彼らは PE 分子を平面ジグザグ配座をとる9個のメチレンユニット（$-CH_2-$）で表わし，アルカリハライド結晶との相互作用のポテンシャルエネルギー（U_total）を分散-反発力（Lennard-Jones ポテンシャル：U_dr），誘起分極力（U_id）および静電引力（U_c）の和として求めた。

$$U_\text{total} = U_\text{dr} + U_\text{id} + U_\text{c} \tag{6.1}$$

エネルギー計算は図 6.16 のように原点 (O) を陽イオン上にとり，分子鎖の一端のイオン結晶面上の座標（a, b），面からの高さ（h），分子鎖の垂線からの傾斜角（θ），分子鎖のジグザグ面の a 軸となす角（ϕ）および回転角（μ）の6個をパラメータとして行なった。その結果，

(1) 静電エネルギーは分子の配向に敏感に影響されるが，エネルギー値は小さい（$+1.7 \sim -4.2$ kJ/mole），

6.3 有機高分子系

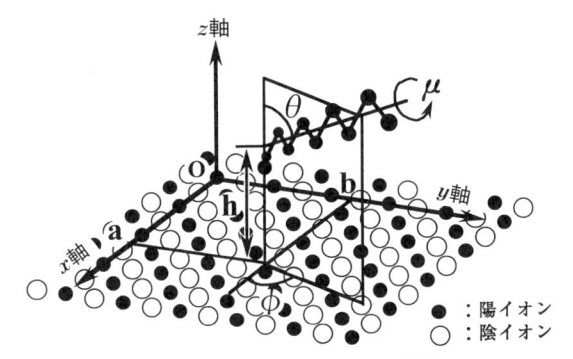

図6.16 鎖状分子と基板との相対位置

原点 (O) を陽イオン上にとり，分子鎖の一端のイオン結晶面上の座標，面からの高さ，分子鎖の垂線からの傾斜角，分子鎖のジグザグ面の a 軸となす角および回転角をそれぞれ (a, b), h, θ, ϕ, μ ととる．

(2)誘起分極エネルギー値（$-12.1 \sim -13.8$ kJ/mole）は大きいが，分子の配向にはほとんど依存しない，

(3)分散-反発エネルギー（$-76.6 \sim -83.7$ kJ/mole）がポテンシャルエネルギーの大部分を占め，分子の配向に大きく依存している，

(4)求められた全ポテンシャルエネルギー量は，PE 結晶の配向成長を制御するのに十分な大きさである（$-88.7 \sim -99.6$ kJ/mole），

ことを示した．図6.17 は，塩化ナトリウムの結晶表面に平行な分子（$a = b$

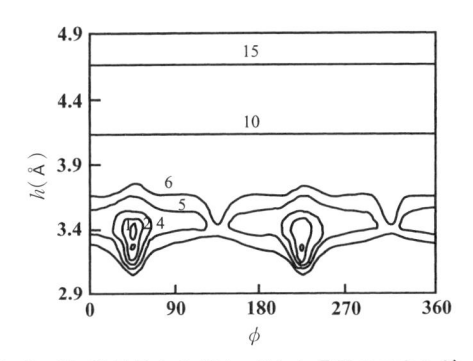

図6.17 NaCl 結晶上のポリエチレン分子のエネルギー図[2]

鎖状分子の最小ポテンシャルエネルギーをとる配向は，分子が基板に平行に吸着し，基板の [110] 軸方向に並んだ陽イオンの列に沿って配列するときである．

= (単位格子長)/4, $\theta = 90°$, $\mu = 0°$) が吸着したときの高さ(h)と分子鎖の方向(ϕ)をパラメータとした, エネルギー等高線の計算結果を示している. 図からポテンシャルエネルギーは, 分子がアルカリハライド面に3.8Å以下の高さまで近づくと, 分子鎖の配向方向へ影響をおよぼすことがわかる. 鎖状分子の最小ポテンシャルエネルギーをとる配向は, 分子が基板に平行に吸着し, 基板の[110]軸方向に並んだ陽イオンの列に沿って配列するときである. 陰イオンの列に沿って配列することはエネルギー的に不適であり, また基板結晶と配向成長する結晶との格子間隔の適合度には依存しないと報告している. ポリオキシメチレンとアルカリハライド結晶, およびPEとグラファイトとの相互作用についても, 同様な計算が行われている.

6.3.3 気相成長

1 モデル化合物

鎖状分子のエピタキシャル成長機構を明らかにするため, パラフィンや長鎖脂肪酸を高分子のモデル化合物として, 気相からの結晶成長が試みられた[3]. 約10^{-3}Paの真空中で, あらかじめ150°Cまで加熱したのち, 常温にまで冷却したKCl(001)面上にヘキサトリアコンタン($C_{36}H_{74}$)を蒸着すると, 膜は図6.18に示すような直角に交差する細長い板状晶から形成される. 電子回折像はこれらの結晶が(110)面を基板に接し, KCl結晶の[110]軸方向に成長していること, ヘキサトリアコンタンの分子鎖方向は結晶の長軸方向と垂直で

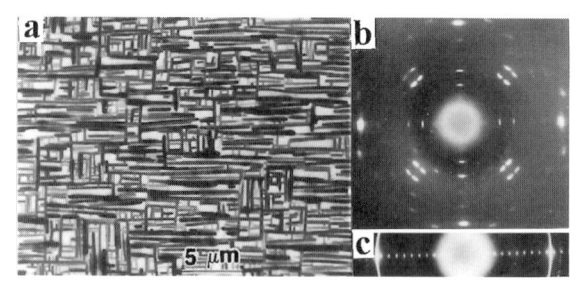

図6.18 KCl上に蒸着したヘキサトリアコンタン膜の電顕像(a)と電子回折像(b, c)
(c)は(b)の中心部の拡大像: 膜は直角に交差する細長い板状晶から形成され, 電子回折像も膜形態に対応して単結晶パターンの重なりとして現れている.

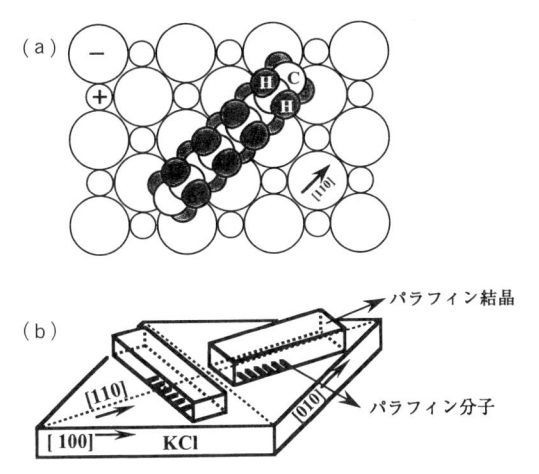

図 6.19　ヘキサトリアコンタアン結晶の KCl へき開面上の配向
(a)　分子の基板面への配向吸着
(b)　結晶の c 軸平行配向

　板状結晶中の鎖状分子は下地結晶面との相互作用により基板結晶の［110］軸方向に沿って吸着されて核を形成し，分子の最密パッキングである (110) 面を基板に平行にして成長する．

あることを示している．また，赤道線上の小角領域には分子鎖長に対応した約 5 nm の面間隔に相当する回折斑点（結晶の (001) 面からの回折で長周期という）が明瞭に観察され，膜の結晶性が著しく高いことが示された．板状結晶中の鎖状分子は図 6.19(a) のように，KCl 結晶面との相互作用により基板結晶の［110］軸方向に沿って吸着されて核を形成し，分子の最密パッキングである (110) 面を基板に平行にして成長する結果，図 6.19(b) のように結晶の長軸を基板結晶の〈110〉軸に平行にとり成長することが明らかにされた．また，基板結晶の種類を NaCl, KBr, KI と変化させても，KCl 基板上と同じ形態および分子配向をとることが明らかになり，鎖状分子のエピタキシャル成長は格子整合よりも同符号の電荷の分布が影響するとする Koutsky らの機構が支持された．

② 高分子化合物

　一般に高分子化合物を真空中で加熱すると，分子鎖は切断されて低分子の気体に熱分解される．ところが，PE やポリプロピレン（ $-(CH_2-CH(CH_3))_n-$ ）

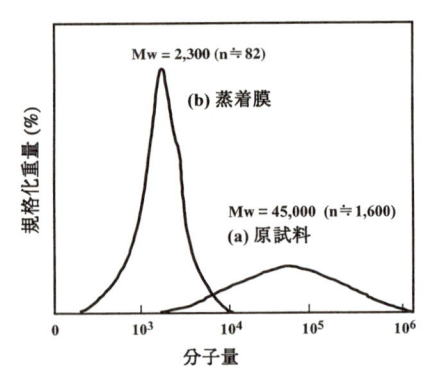

図 6.20 ポリエチレンペレット(a)と蒸着膜(b)の分子量分布

ポリエチレンペレットは幅広い分子量分布を示すが，蒸着膜では狭い範囲の分布に変わる．

あるいはポリシラン（$-(Si(CH_3)_2)_n-$）のように気化した低分子物が低温の基板上に凝結して膜を形成する場合もある．PE の分子量分布は図 6.20 に示すように，原試料では分子量約 50,000 にピークをもつ幅広い分布を示すが，真空中の加熱により生成した蒸着膜の分子量は，約 3,000 をピークとする 1,000〜5,000 の狭い範囲の分布に変わる．

　KCl 上に蒸着した PE 膜は，ひも状の細長い結晶が直角に交差する 2 方向に成長した編目模様を形成する．膜の電子回折像はパラフィン蒸着膜からの回折像と類似しているが，小角領域には長周期による回折点は認められない．これらの回折点は鎖状分子の繰り返し単位である $-CH_2-CH_2-$ を単位格子にとる副格子（subcell）の回折像で，分子軸を基板に対して平行に配向する鎖状分子の結晶に共通である．PE 分子はパラフィン分子と同様に，基板結晶の［110］軸に沿って平行吸着してパッキングするが，分子鎖の長さが一定でないため周縁の不揃いなひも状結晶に成長すると考えられている．

　以上のように液相および気相からの鎖状分子のエピタキシーの機構は，本質的には同じであることが分かる．

6.3.4 固相重合による高分子配向膜の作成

　すでに述べたように，高分子の気相からの薄膜形成には熱分解による低分子

6.3 有機高分子系

量化は避けられない。高い重合度を持ち，かつ配向性の良好な高分子膜の作成には，固相での重合が可能なジアセチレン（$R_1-C\equiv C-C\equiv C-R_2$）やジオレフィン（$R_3-C=C-R_4-C=C-R_5$）化合物のエピタキシャル膜が用いられる[4]。

分子内に2個の三重結合をもつジアセチレン化合物は本来，非常に反応性が高く加熱により重合するものもあり，蒸着できるジアセチレン類には制限がある。そのような中で，1,6-ジ（N-カルバゾリル）-2,4ヘキサジイン（DCHD）はKCl上で基板結晶の［110］方向に沿う針状あるいは薄片状結晶を形成して成長する。膜の電子回折像およびX線回折パターンの解析から，DCHD分子は図6.21のように基板上に斜立して吸着し，基板結晶の［110］方向のK^+イオン列に沿ってエピタキシャル成長することが示された。DCHDの配向膜に紫外線を照射すると，膜の吸収スペクトルには$\pi-\pi^*$遷移に基づく吸収ピーク

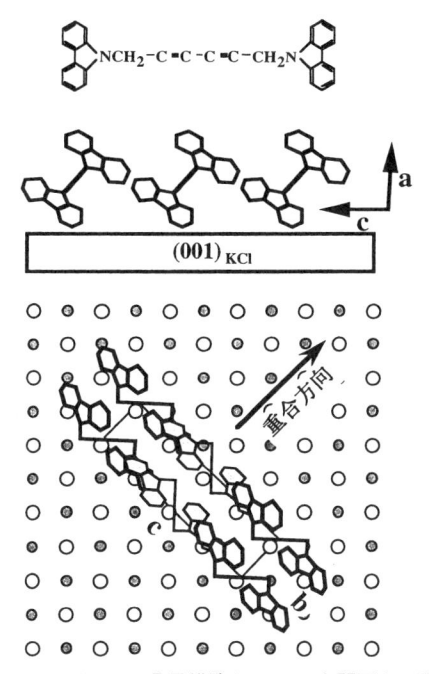

図6.21　DCHDの分子構造とKClへき開面上の配向

DCHD分子は基板上に斜立して吸着し，基板結晶の［110］方向のK^+イオン列に沿ってエピタキシャル成長する。

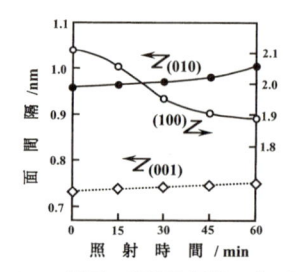

図 6.22　DCHD 結晶の紫外線照射による面間隔変化
結晶の格子定数は紫外線時間とともに徐々に変化し，固相で重合反応が進む。

があらわれ，青色に着色する。結晶の格子定数は図 6.22 のように照射（反応）時間とともに変化するが，モノマー結晶の空間群はそのままポリマー結晶へと受け継がれる。すなわち，DCHD 膜は紫外線照射によりトポケミカル過程（キーワード参照）で配向性のポリマー膜に変化する。

ジオレフィン類では 2,5-ジスチリルピラジン（DSP）や 1,4-ビス（β-ピリジル(2)ビニル）ベンゼン（P2VB）がイオン結晶上で配向成長し，この配向膜に紫外線を照射すると，重合して相当するポリマーの配向膜が得られることが知られている。図 6.23 はジオレフィンおよびジアセチレン化合物の固相反応の模式図を示している。これらの化合物は光や熱などの外部刺激により重合し，モノマー結晶の分子配列を受け継いだポリマー結晶に変化する。

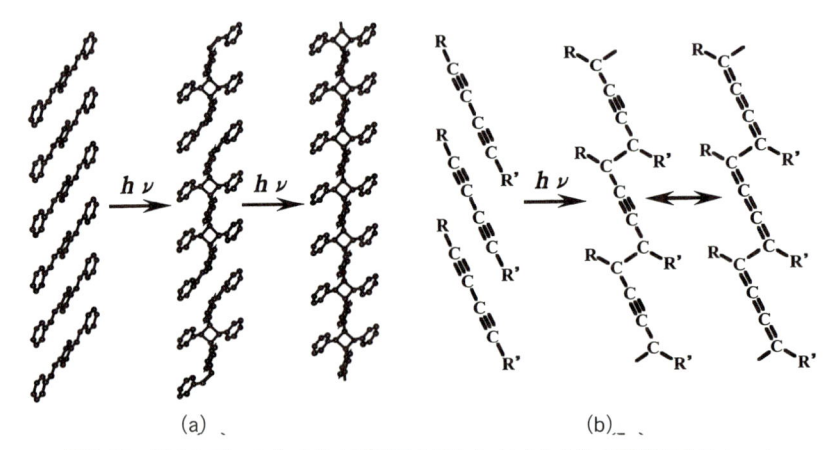

図 6.23　ジオレフィン（a）およびジアセチレン（b）化合物の固相重合スキーム
光や熱などの外部刺激により分子内の二重結合や三重結合が開裂し，直ちに隣接分子と反応して重合が進む。

6.3 有機高分子系

KEYWORD ██ トポケミカル過程

反応系と生成系の結晶単位格子の空間群が一致し，厳密な結晶格子支配下で反応する過程をトポケミカル過程という．この過程では，反応を通じてモノマー分子の重心の移動はきわめて小さい．

6.3.5 高分子配向膜を基板とする結晶成長

以上のように一部の高分子は，イオン性結晶上でエピタキシャル成長する．また，ジアセチレンやジオレフィン配向膜の固相重合により，結晶成長や配列制御した高分子薄膜の作成も可能である．しかし，高分子配向膜による光素子・記録素子などのデバイス化を目指すとき，一軸配向膜の作成や大面積化は重要な課題である．基板としてイオン性結晶を用いる限りは，下地結晶の対称性を反映した2回あるいは4回対称構造をもつ配向膜が得られることが多く，また，基板となるイオン性結晶の大きな単結晶を作製することの困難さから，配向膜の大面積化には限界がある．この問題を解決する1つの方法としてポリテトラフルオロエチレン（PTFE：通称テフロン）薄膜を基板に用いる方法が注目されている[5]．図6.24のようなホットプレートに設置したガラス上でPTFEブロックを圧着掃引すると，ガラス上に約10 nm厚の薄膜が転写される．PTFE転写膜には掃引方向に沿う微細な溝が観察されるが，膜の電子回

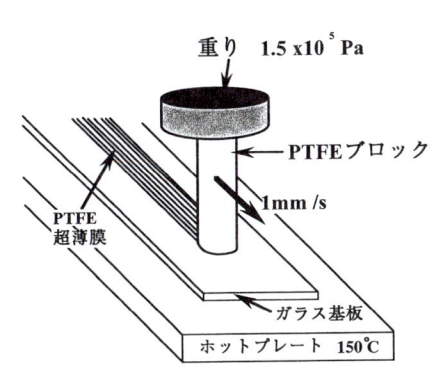

図6.24　PTFEコーティングガラスの作成模式図
ホットプレート上に設置したガラス上でPTFEブロックを圧着掃引すると，ガラス上に約10 nm厚の薄膜が転写される．

折像は鮮明な回折斑点による単結晶パターンを与える。この回折パターンの解析から，膜中の PTFE は 15_7 らせん構造をとる高温型に結晶化し，その (100) 面で基板のガラスと接していること，また，PTFE 結晶の c 軸（分子鎖方向）は PTFE ブロックの掃引方向と一致することが示された。加熱したガラス上での圧着掃引により作製した PTFE 膜は，高度に一軸配向することが分かる。この PTFE コーティングガラスを基板として DCHD を蒸着すると PTFE の掃引方向，すなわち，PTFE の分子鎖方向に沿う薄片状の結晶が形成される。紫外線照射後の膜の電子回折像には PTFE 結晶からの回折斑点と DCHD のポリマー（poly-DCHD）結晶からの回折斑点が重なって現れる。二層膜からの回折像を解析することにより直ちに，配向関係を求めることができる。poly-DCHD 結晶では基板の PTFE 結晶と $(100)_{\text{poly-DCHD}} /\!/ (100)_{\text{PTFE}}$，$[010]_{\text{poly-DCHD}} /\!/ [001]_{\text{PTFE}}$ の関係で，図 6.25 に示すように重合方向（b 軸）と PTFE の繊維軸（c 軸）を一致させて配向することが示された。この poly-DCHD 膜は約 1：50 の吸収の 2 色比を示し，著しい一軸配向性を示す。パラフィンや PE も PTFE コーティングガラス上で互いの分子鎖方向をそろえて高度に一軸配向する。PE やポリパラフェニレンあるいはポリシランの摩擦転写膜を用いても配向膜は作成できるが，配向度は PTFE 膜を基板とするときが最も高い。

　図 6.26 に PTFE コーティングガラス上における有機分子の結晶成長過程の模式図をパラフィンを例として示した。飛来してきた分子は基板上にトラップされ，基板表面を拡散する。吸着分子と基板との相互作用（例えば吸着力など）は，基板表面のポテンシャルエネルギーに依存し，この値が高いほど強

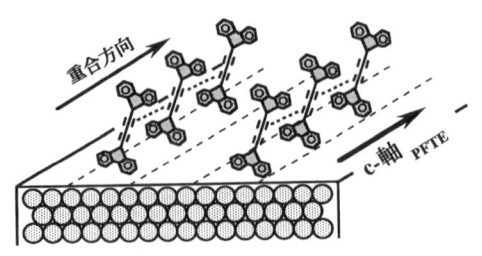

図 6.25　PTFE コーティングガラス上の poly-DCHD 分子の配向吸着
　poly-DCHD は，主鎖方向（b 軸）を PTFE の繊維軸（c 軸）方向と一致させて配向する。

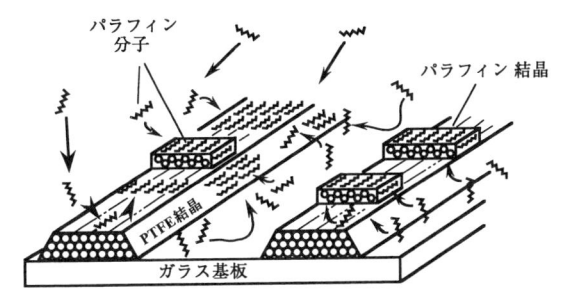

図6.26　**PTFE基板上でのパラフィンの配向成長模式図**
飛来してきた分子は基板上にトラップされ，基板表面を拡散する．拡散分子はPTFE界面で核を形成しPTFEの分子鎖に沿って配向成長する．

い．拡散分子はポテンシャルエネルギーの高いPTFE界面で核を形成し，その後van der Waals相互作用によりPTFEの分子鎖に沿って配向成長する．基板上の溝構造を利用した選択的結晶成長としてグラフォエピタキシーが知られているが，高分子配向薄膜を基板とするときは溝の存在ばかりでなく，分子間の相互作用も有効に作用すると考えられている．

文　献

1)　総説として芦田道夫：表面，**25**，207(1987)，上田裕清，柳　久雄，芦田道夫：表面，**31**，758 (1993) およびその引用文献
2)　K. A. Mauritz, E. Bear, A. J. Hopfinger：*Polym. Phys. Ed*., **11**, 2185 (1973)
3)　総説として上田裕清，芦田道夫：日本接着学会誌，**28**，78(1992)
4)　上田裕清：応用物理，**62**，1019(1993)
5)　J. C. Wittmann, P. Smith：*Nature*, **352**, 414 (1991)

索引

あ行

アーク放電　178
アイランド　63
圧縮歪み　63
アモルファス相　100

イオン化エネルギー　150
位相シフトマスク　120

ウエットエッチング　58
ウルツ鉱型構造　74

エキシマ　114
エキシマレーザ　109
エキシマレーザ溶融・再結晶化　110
液晶のラビング　125
エッチピット密度　34
エネルギー状態密度関数　52
エピタキシャル成長　53,100,180
エピタキシャル横方向成長　20

オストワルド・ライプニング　130
AlN 緩衝層　11
GaCl　25
InGaAs　45,46

か行

開口部上の転位構造　28
開口部面積　24
界面反応　137
架橋型　174
核形成　54,69
　　──頻度　127
　　──密度　128
核発生　182
加工基板　47,57
化合物半導体　38
カソードルミネッセンス（CL）　58
活性種　149
Ga 極性　157
カルコゲナイド　88
過冷却状態　117
岩塩型（NaCl 型）構造　88
緩衝層　16
貫通転位　4,12,14,27

疑似線状ビーム法　114
気相エピタキシャル成長　25
希土類元素　73,74
希薄磁性半導体　73
　　II−VI族──　76,77
　　III−V族──　81
　　IV−VI族──　88
基板面内の方位　125
Gibbs の自由エネルギー　132
キャリア誘起強磁性　76,81,84,87,90
　　(Cd, Mn)Te　80,91
　　(Ga, Mn)As　85
　　(In, Mn)As　84,91
　　(Pb, Mn)Te　90
吸着　182
キュリー温度　139,147
キュリーワイス温度　142
凝集現象　131
強誘電体　138,142
巨大ゼーマン分裂　74
キンク　182

索引

空孔パイプ　14
グラホエピタキシー　124,137

形成頻度　132
欠陥構造，FIELO-GaN 中の　32
欠陥低減機構　27
結合量子ドット　70
結晶核　182
減圧 CVD　128,134
原子状窒素（窒素ラジカル）　156
原子層エピタキシー　78

コアレッセンス　6
交換相互作用　74,82,83,91
高輝度青色　14
格子整合機構　188
格子整合性　167
格子不整合　62,144
　　──歪み　141
高周波マグネトロンスパッタリング　144
構造多形　175
高分解能顕微鏡法　173
高分子のエピタキシャル成長　188
極初期構造　162
固相結晶化　134
　　──法　110
固相重合　192
固相成長　95
固相反応　194
混合転位　28
コンタクト　107
V/III 比の制御　157

さ　行

最高占有軌道　163
再脱離過程　153
最低非占有軌道　163,166
サリサイド（salicide：self aligned）技術　104
三次元アイラメント効果　124
三次元島状成長　62

三次元成長　63
III 族窒化物半導体　1
残留不純物　157

磁気 PL 法　59
磁気ポーラロン　76,91
自己形成法　41
自己組織化成長　62
自己組織化ドット　91
自己停止機構　48
自己補償効果　79
システム・オン・パネル　110
磁性原子　73,74,83
磁性スピン　74,75
磁性体/半導体構造　92
磁性半導体　73
自発的な分極　141
自発分極　142,143
シフト型　174
島状成長（Volmer-Weber 型）　182
収束イオンビーム　128
充填様式　175
自由励起子発光　8
樹枝状結晶粒　132
小傾角粒界　31
ショットキー障壁　95,105
シリサイド　94
　　──形成過程　96
ジルコン酸チタン酸鉛　139
人工核形成点　129,130
人工的エピタキシー　124

ステップ　182
　　──エッジ　70
　　──オーダリング　43
　　──バンチング　43
　　──バンチング現象　70
　　──フローモード　41
ストイキオメトリー条件　157
スピングラス　75
滑り面　27

制限視野　136
成長素過程　152
成長速度　132
成長膜厚と転位密度の関係　34
静電引力　188
セルフアセンブル法　57,62
閃亜鉛鉱型構造　74,76,87
遷移元素　73,74,76
選択研磨法　132
選択成長　48,54
選択堆積　127
潜伏時間　132

走査トンネル顕微鏡　162
双晶　131
相転移　144
側壁面　23
粗大化現象　130
その場（in-situ）観察　67

た　行

帯域溶融・再結晶化法　112
第一ネガティブシステム　155
第一ポジティブシステム　155
第二ポジティブシステム　155
タイプⅡ　71
第四の物質状態　159
多形　175
他結晶の粒成長　137
多重双晶粒子　131
多段原子ステップ　43,44
単一核の選択形成　133
単極性　80
ダングリングボンド　63

チタン酸バリウム　140,142
窒化物半導体　154
N極性　157
中間層　16
超交換相互作用　75
長鎖脂肪酸　190

長周期　192
直上型　174
チルト　4,6

ツイスト　4,6

低温成長　81,158
低温堆積緩衝層　1
テラス　71
転位構造　27
転位の再上昇　35
転位の削減　21
転位の芯　31
転位の曲がり　29
電界効果移動度　133
電子温度　151
電子回折　188
電子線回折　137
電子ビーム溶融・再結晶化法　114
電子励起状態　149
電歪テンソル　143

ド・ブロイ波長　53
投影飛程　134
導電性酸化物　145
ドーピング　79,154
閉じ込めポテンシャル　65
トポケミカル過程　194
GaN　1,154
GaN基板　36
$BaTiO_3$　140
$SrTiO_3$　145

な　行

ナノ構造　91

二次元圧縮応力　144
二次元成長層　63
二次元単位胞　166
二次元的相互作用　165
2色比　196

索引

2段階蒸着　185

濡れ層　63

熱分解　191

は行

π—π*遷移　193
バーガースサーキット　31
バーガースベクトル　27
配向性　125
薄膜トランジスタ　109,124,132
刃状転位　12,28
発光スペクトル　155
発光分光分析　149
波動関数　70
パラフィン　190
反磁性シフト　58,65
反磁性半導体　73
バンド端発光　64
バンド配列　71

光吸収層　121
光誘起磁化　85
微傾斜面　41
ヒステリシス曲線　146
歪みエネルギー　63
歪み緩和効果　63
歪み場　69
引っ張り歪み　63
比誘電率　142
表面エネルギー　63,126
表面拡散距離　182
表面再構成　82,85
表面増速拡散　131
表面偏析　83
表面マイグレーション　55
　——長　57
GaAs　43,44,50

ファセット　21,47,48,55

——形成型 ELO　20,25
——構造　25
ファン・デア・ワールス（van der Waals）力　180
フォトルミネッセンス（PL）　58
不揮発性メモリー　138
不均一広がり　66
副格子　192
フラーレン　178
プラズマ診断　153
プラズマ状態　159
プラズマドーピング　81
プラズマ発光分光分析　153
プラズマプロセス　159
プラズマ励起エピタキシー　151
プラズマ励起 MBE 成長　157
プラズマ励起効果　152
分散—反発力　188
分子線エピタキシー（MBE）　77
分子量分布　192

ヘキサトリアコンタン　190
ヘテロエピタキシー　173
ヘテロ構造　52
ヘテロ接合　71
ペロブスカイト型　139
変調ドープ　81
　——構造　41,46

ボーア半径　59
ボイド　35
ホットウォールエピタキシー　89
ポリエチレン　188
ポリシラン　192
ポリテトラフルオロエチレン　195
ポリプロピレン　191

ま・や行

マイクロチャネルエピタキシー（法）　9,20,22
マスク　21

──上の欠陥構造　29
──のストライプ方向　23
マスク面積　24
マルチステップ　70

ミスフィット　162,181
──転位　63
密度拡散　56
ミラー指数　2,3

紫色レーザダイオード（LD）　2,14

面心立方格子　179

モアレ　165,166,170

有機エピタキシャル成長　162
有機金属気相成長法　22,40,49
誘起分極力　188
有効 g 因子　75
有効質量　71
誘電率　138

溶融・再結晶化法　112
横方向結晶成長　119
横方向成長　50
──速度　23
四重極質量分析　153

ら　行

ラジカル（遊離基）　149
らせん転位　12,28
ラテラル量子細線　50
ラングミュアープローブ（探針）　153

リソグラフィー　54
粒界　125,126
量子井戸構造　38,40
量子サイズ効果　52
量子細線　38〜40,42,44〜48
──レーザ　46

量子閉じ込め　52
──効果　71
量子ドット　38,39,52
──レーザ　70
量子箱　52
緑色 LED　14
励起効果　151
励起子（エキシトン）　59
励起状態　149
──にある N_2 分子　156

レーザビーム溶融・再結晶化法　112
ArF レーザ　116
　KrF レーザ　116
　XeCl レーザ　116
　XeF レーザ　116

ロッキングカーブ　145
六方晶ウルツ鉱構造　4
六方晶系のミラー指数　3

英名・略記号

coincide lattice　163
commensurate　163,167,169
edge-view 法　173
excimer-laser　109
extra-half 面　30
face-centered cubic:fcc　179
fill factor　24
F-M（Frank-van der Merwe）モード成長　63
Frank-van der Merwe 型　5
inhomogeneous broadnening　66
Lennard-Jones ポテンシャル　188
point-on-line　165,168,171
plan-view 法　173
Stranski-Krastanov 型　5
S-K（Stranski-Krastanov）成長モード　63
super cooling　117
van der Waals エピタキシー　163
Volmer-Weber 型　4,5

索引

wetting layer　63

DC プラズマ法　151
DRAM　139, 141
ECR (Electron Cyclotron Resonannce) 法　151
ECR プラズマ源　154
ECR－MBE 法　156
ELA　110
ELO　20
ELO 技術　1
FIELO　20
HVPE　2, 6, 7, 25
LD　2
LED　2
L/V 比　23
MBE　77
MCE　20

MEE (Migration Enhanced Epitaxy) 法　157
MOCVD 法　40, 42, 47
MOSS　17
MOVPE　6, 7, 22
PZT　139
RF プラズマ源　154
RF プラズマ法　151
RHEED (Reflection High-energy Electron Diffraction)　66, 78, 82, 85, 157
　――振動　78, 83
RKKY 相互作用　76, 90
SENTAXY　125
SOI　109, 125
SPC　110
TFT　109
TMGa　22
XRD　17
ZMR　112

Memorandum

Memorandum

Memorandum

責任編集者紹介

中嶋　一雄（なかじま　かずお）

　　1975年3月：京都大学大学院工学研究科博士課程学修
　　1977年3月：京都大学工学博士の学位取得
　　主要著書："The liquid-phase epitaxial growth of InGaAsP", in Semiconductor and Semimetals, ed. Willardson Beer and Vol. editor W. T. Tsang, Academic Press, New York, Vol. 22, Part A, pp. 1-94 (1985)
　　　　　　結晶成長ハンドブック，第Ⅴ編，1章　エピタキシーの基礎，1.5節『液相エピタキシーの熱力学』日本結晶成長学会『結晶成長ハンドブック』編集委員会編（編集委員長小松　啓）共立出版，pp.653-656（1995）
　　現在：東北大学金属材料研究所　教授，工博

シリーズ：結晶成長のダイナミクス4．
（全7巻）
エピタキシャル成長のフロンティア

2002年6月25日　初版1刷発行
2003年9月20日　初版2刷発行

検印廃止
NDC 459.97, 459.93
ISBN 4-320-03413-9

責任編集　中嶋　一雄　© 2002
発行者　**共立出版株式会社** /南條光章
　　　東京都文京区小日向4丁目6番19号
　　　電話（03）3947-2511番（代表）
　　　郵便番号 112-8700
　　　振替口座 00110-2-57035番
　　　URL　http://www.kyoritsu-pub.co.jp/
印　刷　壮光舎
製　本　中條製本

社団法人
自然科学書協会
会員

Printed in Japan

JCLS ＜㈱日本著作出版権管理システム委託出版物＞
本書の無断複写は著作権法上での例外を除き禁じられています．複写される場合は，そのつど事前に㈱日本著作出版権管理システム（電話03-3817-5670，FAX 03-3815-8199）の許諾を得てください．

結晶成長学辞典編集委員会 編

結晶成長学辞典

物質のとる三態のうち，固体は大部分が結晶である．雪や水晶の結晶，岩石や隕石を作る鉱物などの地球や地球外由来の固体物質はもちろん，生命活動の結果作られる歯，骨，貝殻や珊瑚の骨格，各種臓器中の結石類も結晶で構成されている．タンパク質も結晶化してその構造を解析することによって，初めてその機能が理解できる．今日の情報産業を支える半導体やオプトエレクトロニクス工業で基本となる材料はシリコン，化合物半導体，酸化物などの大形の単結晶や薄膜結晶であるし，医薬品，化学調味料のように，サイズや形を制御した微細結晶が求められている化学工業分野もある．結晶は無機，有機，生物，無生物，地球上，地球外に関わらず森羅万象と関連する存在であり，また我々の生活を豊かにするもとである．
本辞典は，20世紀で得られた結晶成長学の知識を整理し，異なった分野間でも共通理解が持てるように広範囲な関連用語約2160項目を収録した．

編集方針

1. 結晶成長学に関連のある術語を広範な分野から選んで収録した．同じ内容が分野ごとに異なった言葉で呼ばれているケースが多いので，一つの術語にまとめることはせず，よく使われている術語は全て採用した．ただし，最も適切と思われる術語に対してだけ説明を加え，他の関連用語は ⇒ で示すことにした．
2. 主要な概念，理論，成長機構，モデル，合成方法などを全て採り上げ，その内容が少なくとも筋道としては理解できるよう，十分な説明を与えた．これらの項目には，できるだけ，原典，および英語，ないしは日本語での信頼のおける解説文献を示した．
3. その他の項目については，質的な理解ができる範囲で短い説明に留めた．
4. 収録した術語総数は約2160項目で，それぞれイニシャル記号で執筆者を示した．
5. 付録として，略語一覧，晶系・晶族と諸性質の有無，世界最大の鉱物結晶，結晶成長学関係の主な書籍および関連ある雑誌，元素周期表を付した．
6. 英語で項目が選出できるよう英和索引を付した．

■ A5判・378頁・本体8500円（税別）■

結晶成長ハンドブック

日本結晶成長学会「結晶成長ハンドブック」編集委員会編　これから結晶成長を始める人へ―基本的ガイド／結晶成長の基本描像―理論と実際の対応／結晶育成技術／キー・マテリアルの単結晶育成技術／エピタキシー／物性の制御と加工／キャラクタリゼーション／動的観察法 他 ･･････････････････････ B5判・1224頁・本体38,000円（税別）

結晶工学ハンドブック

結晶工学ハンドブック編集委員会編　第Ⅰ編：結晶の対称性／第Ⅱ編：結晶の構造／第Ⅲ編：結晶の欠陥／第Ⅳ編：結晶の成長および溶解／第Ⅴ編：結晶方位の決定／第Ⅵ編：結晶の加工／第Ⅶ編：結晶の育成と処理／第Ⅷ編：結晶の性質および応用 ･･ A5判・1560頁・本体40,000円（税別）

結晶解析ハンドブック

日本結晶学会「結晶解析ハンドブック」編集委員会編　これから結晶解析・結晶評価を試みる人へ／結晶に関する基本的な知識／散乱と回折の基礎的な知識／X線回折実験と関連手法／電子回折法と電子顕微鏡法／中性子散乱法と関連手法／X線結晶構造解析のための実験法／生体高分子結晶構造解析の理論と実際　B5判・696頁・本体27,000円（税別）

共立出版